图像处理中的模糊逻辑：
基于 Java 的导论

[意] 劳拉·卡波内蒂

[意] 吉奥瓦尼·卡斯特拉诺　　著

郑艳梅　芦碧波　译

清华大学出版社

北　京

内 容 简 介

本书系统地介绍了模糊技术在图像处理中的应用，不但包括模糊图像处理的理论基础和模糊技术在图像处理中的应用，还为大部分算法提供了完整的 Java 代码。本书共 9 章，分别为基于 Java 的图像表示、低级图像处理、模糊逻辑基础、模糊图像处理、用于图像处理的 Java、彩色对比度增强、图像分割、形态学分析和图像阈值化。读者可从书中了解模糊逻辑和图像处理的相关理论知识，并能据此解决实际图像应用中的一些具体问题。

本书内容全面，浅显易懂，应用性和操作性强，可作为高等院校计算机相关专业的教材，也可供图像技术应用相关行业的科技工作者自学和参考。

北京市版权局著作权合同登记号 图字：01-2018-5180

First published in English under the title

Fuzzy Logic for Image Processing A Gentle Introduction Using Java by Laura Caponetti, Giovanna Castellano, 1st Edition by Springer

Copyright © 2017 Springer

This edition has been translated and published under licence from Springer.

All Rights Reserved.

图书在版编目（CIP）数据

图像处理中的模糊逻辑：基于 Java 的导论 /（意）劳拉·卡波内蒂，（意）吉奥瓦尼·卡斯特拉诺著；郑艳梅，芦碧波译. —北京：清华大学出版社，2022.6

书名原文：Fuzzy Logic for Image Processing A Gentle Introduction Using Java

ISBN 978-7-302-60961-2

Ⅰ. ①图… Ⅱ. ①劳… ②吉… ③郑… ④芦… Ⅲ. ①图象处理 ②JAVA 语言—程序设计 Ⅳ. ①TP391.413 ②TP312.8

中国版本图书馆 CIP 数据核字（2022）第 089019 号

责任编辑：贾小红
封面设计：刘　超
版式设计：文森时代
责任校对：马军令
责任印制：宋　林

出版发行：清华大学出版社
　　　　　网　　址：http://www.tup.com.cn，http://www.wqbook.com
　　　　　地　　址：北京清华大学学研大厦 A 座　　　　　邮　　编：100084
　　　　　社 总 机：010-83470000　　　　　邮　　购：010-62786544
　　　　　投稿与读者服务：010-62776969，c-service@tup.tsinghua.edu.cn
　　　　　质量反馈：010-62772015，zhiliang@tup.tsinghua.edu.cn
印 装 者：北京嘉实印刷有限公司
经　　销：全国新华书店
开　　本：185mm×230mm　　印　　张：9.25　　字　　数：182 千字
版　　次：2022 年 8 月第 1 版　　印　　次：2022 年 8 月第 1 次印刷
定　　价：69.00 元

产品编号：075956-01

译 者 序

模糊逻辑最早出现在保险行业和精算领域,然后拓展至其他领域。模糊逻辑在图像处理领域不可或缺,未来其效用会不断加强。

模糊逻辑在图像处理中的应用是图像处理不可缺少的一个分支,但是相关专著目前只有 7 部,即 *Fuzzy algorithms: with applications to image processing and pattern recognition*(1996 年),*Fuzzy models and algorithms for pattern recognition and image processing*(2006 年),*Fuzzy image processing and applications with MATLAB*(2009 年),*Rough fuzzy image analysis: foundations and methodologies*(2010 年),*Fuzzy filters for image processing*(2013 年),*Fuzzy techniques in image processing*(2013 年)以及本书的原版 *Fuzzy logic for image processing*(2017 年),还没有任何相关的中文书籍。本书所对应的专著出版于 2017 年,相较于其他专著,具有较高的科研价值。

在模糊逻辑相关的专著中,结合程序语言的目前仅有两部,即本书对应的专著(基于 Java)以及出版于 2009 年的 *Fuzzy image processing and applications with MATLAB*(《模糊逻辑图像处理以及基于 MATLAB 的应用》)。本书中具有大量 Java 代码,可优化授课方式,在丰富授课内容的同时减轻教师的备课负担,教师不必苦苦搜寻相关代码,而学生也可学到实用的知识,因此这是一本不论对授课教师还是对学生均非常有益的教材。

本书可作为高等院校相关课程的教材,其深入浅出的理论知识以及翔实的实现代码和实例,足以保证其受欢迎的程度。本书也是相关领域研究者的必备书籍,其基础性和入门特性,为研究者提供了必备的基础知识。

本书内容全面,浅显易懂,既介绍了模糊逻辑在图像处理领域中的应用,又不会过于晦涩难懂。同时,为大部分算法提供了完整的 Java 代码,便于读者自学和研究。本书分为两部分,共 9 章,其中第 1 部分(第 1~5 章)为相关基础知识,第 1 章介绍图像处理基础知识,包括灰度图像、颜色模型、图像的数学表示、基于 Java 的图像表示、直方图以及图像变换等;第 2 章介绍图像处理领域若干经典分支,包括对比度增强以及图像平滑和边缘检测等;第 3 章介绍模糊逻辑基础知识,包括模糊逻辑相关理论、基于模糊集的求解过程、模糊化、模糊规则库、去模糊化以及模糊模型等;第 4 章介绍模糊逻辑在图像处理中的实现框架,包括图像的模糊化、图像的去模糊化以及模糊度量;第 5 章介绍基于 Java 的图像处理软件 ImageJ。第 2 部分(第 6~9 章)介绍模糊逻辑在若干典型的图像处理基础问题中的应用，包括彩色对比度增强、图像分割、形态学分析和图像阈值化等。

本书的翻译分工如下：芦碧波负责翻译第 5 章、第 8 章和附录 A，其余内容均由郑艳梅翻译。全书由郑艳梅统一整理与审校。

本书的出版受到河南省高等学校重点科研项目资助计划（21A520016）和河南理工大学博士基金（B2016-40）的资助和支持，感谢河南理工大学计算机科学与技术学院的资助和支持，感谢爱尔兰利莫瑞科大学马丁教授的支持，并衷心感谢本书英文版作者 Laura Caponetti 在翻译过程中提供帮助。

由于译者水平有限，书中可能存在不当之处，敬请各位读者批评指正，提出宝贵的建议。

译　者

前　　言

成功的秘诀是开始行动。

——马克·吐温

本书是作者多年来在本科教学中讲授图像处理和模糊逻辑的成果汇总。书中所使用的大部分文档材料是与学生进行大量互动的结果，这些学生的案例研究对算法和方法的 Java 实现做出了很大贡献。该书可认为是对模糊逻辑方法在图像处理任务中应用的入门介绍。

本书首先从方法论的角度描述了基于模糊逻辑的图像处理算法，然后提供了一些应用实例（而并没有忽略其中的细节）。我们试图找出研究人员在模糊图像处理领域所做的最重要的工作，并通过 Java 例子加以描述和说明，这些例子对于感兴趣的读者而言，是很容易理解的。

本书涵盖了模糊技术在图像处理中的理论和实际应用。因此，本书可分为两部分：模糊图像处理基础知识和模糊图像处理的应用。

第 1 部分解释了在图像处理中如何利用模糊逻辑，并通过 5 章内容给出了模糊逻辑和图像处理的基本理论。第 1 章专门介绍使用 Java 进行图像表示的基础知识。第 2 章讨论低级图像处理。第 3 章为与模糊逻辑相关的从模糊集理论到模糊系统的基本概念。第 4 章讨论数字图像的模糊性问题，此亦是利用模糊技术处理图像的动机。第 5 章介绍 Java 语言及其在图像处理中的应用。

第 2 部分用 4 章内容涵盖不同的图像处理任务，即彩色对比度增强、图像分割、形态学分析和图像阈值化。每个任务均对应一个实例，并通过利用意大利那不勒斯菲里德里克第二大学内分泌与分子肿瘤学系提供的光学显微镜图像，展示了医学领域的一些例子。

最后，附录 A 提供了一些 Java 代码示例，读者可以很容易地运行它们，进一步强化对潜在的模糊图像处理的切身感知。

我们相信本书覆盖了与模糊图像处理有关的各个方面的先进内容，并展示了模糊技术在解决图像处理问题时的潜力。我们希望本书能对这一领域的科学家和学生起到参考作用，同时能激发研究者的一些新想法。

在这里，我们要感谢许多人，他们以不同的方式为本书的写作做出了贡献。特别感谢巴里阿尔多莫罗大学信息系 CILab（计算智能实验室）的所有成员，感谢他们在恰当的时间回答了我们的问题。感谢 Menina Di Gennaro 阅读了本书第一稿中的若干章节，并在撰写初期提供了建设性建议。特别感谢 Mara Basile 和 Vito Corsini，他们为医学领域的形态学和分割研究做出了贡献。感谢我们的学生 Przemyslaw Gorecky 博士将模糊方法应用于文档分析所做出的贡献。最后，感谢我们的学生 Antonio Vergaro、Francesco Tangari、Gabriella Casalino、Marco Lucarelli 和 Massimo Minervini 开发了本书中引用的一些 Java 示例。由衷感谢每一位的倾情贡献。

Laura Caponetti

Giovanna Castellano

意大利巴里

作 者 简 介

Laura Caponetti 于 1972 年在意大利巴里大学获得物理学学位，自 1982 年起供职于巴里大学，受聘为计算机科学系副教授（已退休）。她的研究兴趣为图像处理和计算机视觉，她的研究涵盖了一系列主题，包括图像分割、3D 对象识别、3D 场景分析、模糊和图像处理（https://www.researchgate.net/profile/Laura_Caponetti）。截至目前，她发表了八十余篇文章，任多种国际期刊和会议评审。她曾是巴里大学遥感技术硕士科学委员会成员和计算机科学博士理事会成员，信息处理系统讲师（土木工程专业和计算机科学与计算机系统专业基础学位课程）。此外，她还曾是图像处理讲师（计算机科学学位课程和遥感技术硕士学位课程）。目前她是"教育、大学和研究部"（http://www.istruzione.it/）的裁判员，还是许多科学协会，如国际模式识别协会（IAPR）、意大利计算协会（AICA）和意大利人工智能协会（ATTA）的成员。

Giovanna Castellano 是意大利巴里阿尔多莫罗大学计算机科学系的副教授，于 1993 年在巴里大学获得信息学学位。1993—1995 年，她在意大利巴里的 CNR 信号和图像处理研究所担任研究员。2001 年，她获得巴里大学信息学博士学位，并于 2002 年成为巴里大学的助理教授。她的研究兴趣主要集中在计算智能方面，特别关注模糊系统、神经网络、神经模糊建模、模糊聚类、颗粒计算和模糊图像处理。她目前主要从事模糊技术在图像处理和检索中的应用研究，在科学期刊和国际会议上发表了相关研究领域的 170 多篇论文。她参与了一些研究项目，并在国际会议上组织了一些特别会议和讲习班。她是《信息科学》（*Information Sciences*，ISSN：0020-0255）杂志的副主编，也是若干国际期刊的编辑委员会成员。

谨以此书献给 Alfred、Philip、Vito 以及所有的朋友。

Laura Caponetti

献给 David 和 Serena，激励我不断改进。

Giovanna Castellano

目　　录

第 1 部分　模糊图像处理基础知识

第 1 章　基于 Java 的图像表示 3
1.1　引言 3
1.2　灰度图像 4
1.3　颜色模型 5
1.4　基于 Java 的彩色图像表示 9
参考文献 13

第 2 章　低级图像处理 15
2.1　引言 15
2.2　对比度增强 18
　　2.2.1　灰度图像变换 20
　　2.2.2　阈值化 28
　　2.2.3　直方图变换 29
2.3　图像平滑 29
2.4　边缘检测 32
　　2.4.1　Canny 算子 35
　　2.4.2　基于优化的算子 36
参考文献 37

第 3 章　模糊逻辑基础 39
3.1　引言 39
3.2　模糊集理论 39
3.3　模糊规则系统 41
　　3.3.1　模糊化 42
　　3.3.2　模糊规则库以及推理机 43
　　3.3.3　去模糊化 43
3.4　模糊模型 44

　　　3.4.1　模糊规则系统的设计 45

　　　3.4.2　模糊–神经模型 47

　　参考文献 49

第 4 章　模糊图像处理 53

　4.1　引言 53

　4.2　图像模糊化 54

　4.3　图像去模糊化 58

　4.4　模糊性测度 60

　参考文献 62

第 5 章　用于图像处理的 Java 63

　5.1　基础概念 63

　5.2　基于 Java 的图像处理 66

　5.3　小应用程序（Applet） 68

　5.4　ImageJ 72

　　　5.4.1　宏 72

　　　5.4.2　插件 73

　5.5　基于 Java 的模糊系统 74

　参考文献 79

第 2 部分　模糊图像处理的应用

第 6 章　彩色对比度增强 83

　6.1　引言 83

　6.2　多通道图像处理 83

　6.3　针对图像增强的模糊技术 84

　6.4　一个针对图像增强的模糊规则系统 84

　6.5　应用实例：自然图像增强 85

　参考文献 88

第 7 章　图像分割 91

　7.1　引言 91

　7.2　分割问题 91

7.3　分割方法 93

　　7.3.1　"干脆"聚类 93

　　7.3.2　模糊聚类 94

　　7.3.3　空间模糊聚类 95

7.4　应用实例：彩色分割 96

7.5　应用实例：纹理分割 99

参考文献 101

第 8 章　形态学分析 105

8.1　数学形态学 105

8.2　模糊形态学 108

8.3　应用实例：生物图像分割 110

参考文献 116

第 9 章　图像阈值化 117

9.1　引言 117

9.2　Otsu 法 118

9.3　模糊阈值化 120

9.4　应用实例：文档图像分析 122

　　9.4.1　文件分割 123

　　9.4.2　区域分类 124

参考文献 126

附录 A　Java 代码参考 129

模糊图像处理基础知识

第 1 部分介绍了模糊图像处理的基本概念，包括低级图像处理的基本概念和模糊逻辑的基本原理，其中的概念是搭配 Java 编程语言来介绍的。

第 1 章　基于 Java 的图像表示

聪明不代表不会犯错，而是立即发觉并从中获益。

——贝托尔特·布莱希特

摘要： 本章介绍了有关灰度图像和彩色图像表示的一些基本概念。数字图像使用元素矩阵进行逻辑表示，每个元素在灰度图像中有 1 个值，在彩色图像中有 3 或 4 个值。本章还介绍了最常用的颜色模型和 Java 提供的图像表示。

1.1　引　　言

数字图像是由数字化过程产生的物体或三维场景的二维表示（见图 1.1）。图像可以看作一个二维数字信号，它是通过两个基本过程获得的：空间域的采样和值/级域的量化。换句话说，数字图像定义为二维数字函数 $f(x, y)$，它是空间坐标域 D 到强度值域 D' 的映射：

$$f : D \rightarrow D'$$

其中，D 为离散坐标 (x, y) 组成的有限域，D' 为值的离散域，亦称为灰度级。通常，域 D' 的取值范围为 $[0, 255]$。数字图像由一组有限的元素组成，每个元素均具有位置 (x, y) 和一个由 l 表示的值。每个元素 $f(x, y)$ 称为像素——图像元素。

数字图像处理是指用计算机处理数字图像的所有任务，可以分为低级、中级和高级 3 个级别。在低级处理任务中，一个数字图像作为输入，生成另外一个数字图像作为输出，如为可视化而改进的图像。在中级处理任务中，从输入图像中获得一些特征，如边或区域。在高级处理任务中，结果是对输入图像内容的描述。本书主要侧重于低级和中级图像处理。

本章简要介绍了数字图像处理，针对性地介绍了灰度图像处理和彩色图像处理的基本原理，并重点介绍了与第 2 部分模糊技术应用相关的内容。有关图像处理基础知识的详细信息，请参考本章参考文献[1]和[3]。

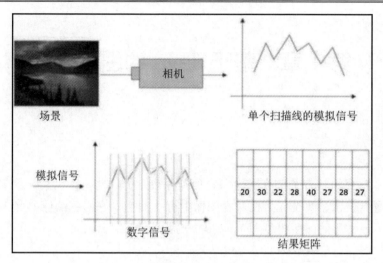

图 1.1　图像采集和数字化过程

1.2　灰　度　图　像

数字图像 f 具有有限数量的非负值——通常范围为 $[0,255]$ ——称为灰度图像。它可以表示为一个由 $N \times M$ [①] 个元素组成的矩阵，其中 N 为行数，M 为列数。每个元素 $f(j,k)$ 表示横坐标 x 为 k、纵坐标 y 为 $-j$ 的像素，其中 $0 \leqslant j \leqslant N$，$0 \leqslant k \leqslant M$。可以使用逻辑坐标系 (x,y) 或图像坐标系 (j,k) 表示数字图像，其中 $x=k$ 为列，$y=-j$ 为行（见图 1.2）。

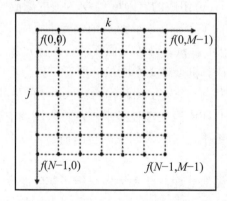

图 1.2　图像坐标系

---

① 1.2 节、6.4 节采用了 $N \times M$ 表示方式。2.1 节、2.2.3 节、2.3 节、2.4.1 节、2.4.2 节、4.2 节、9.2 节采用了 $M \times N$ 表示方式，由于表示方式并不影响后续内容，故在本书中并用两种表示方式，与原著保持一致，并未统一。——译者注

数字图像可以用以下特征来描述。

❑ 维度：图像中像素的数量。

❑ 尺寸：图片的行数和列数，或者用厘米（cm）/英寸（in）表示的尺寸（宽度和高度）。

❑ 空间分辨率：单位尺寸的像素数，单位为每英寸点数（dpi）。

❑ 灰度范围的动态范围或分辨率：图像中实际使用的不同灰度级的数量。例如，如果范围是[0, 255]，则使用 256 级的图像呈现高动态范围。相反，只使用很少灰度级的图像呈现非常低的动态范围（见图 1.3）。

（a）高动态范围　　　　　　　　　　　　（b）低动态范围

图 1.3　具有不同动态范围的灰色图像

1.3　颜　色　模　型

在计算机中指定颜色基本有两种方法。RGB（即 Red、Green、Blue）定义是人类视觉系统中比较自然的方法，亦是驱动计算机显示器的方法。事实上，RGB 系统与人眼强烈感知红、绿、蓝三原色的事实能很好地匹配。

二次色 CMY（即 cyan、magenta、yellow）针对彩色打印，基本与 RGB 互补。然而，对于人类理解并描述颜色，RGB 和 CMY 颜色模型均不太合适。使用 RGB 数字集定义特定颜色非常困难，除非它是端元。实际上，人们并不通过给出每个原色分量的百分比来表示对象的颜色。

由于这些原因，其他颜色表示应运而生，例如 HSB 表示，通过色相（hue）[①]、饱和

[①] 在不同专著中，Hue 被翻译为色调或者色相，本书中后续出现的术语 tone 被翻译为色调，所以 Hue 均被翻译为色相。——译者注

度（saturation）和亮度（brightness）这些特征进行颜色区分。色相是光波混合中与主波长有关的属性，表示观察者感知到的主要颜色。饱和度指的是相对的纯净度，或一种颜色混合白光的数量。纯光谱色是全饱和的，颜色的饱和度与所加白光的数量成反比。亮度具体表达了无色（achromatic）[①]的强度概念。色相和饱和度一起称为色度（chromaticity），因此颜色可用其亮度和色度来表示。

颜色模型或颜色系统是三维坐标系统中的一个子空间，其中每种颜色由单个点表示。通常，颜色模型要么面向硬件（如显示器和打印机），要么面向应用程序。

最常见的面向硬件的颜色模型包括以下两种。

❑　　用于彩色显示器和彩色摄像机的 RGB 模型。

❑　　用于彩色打印机的 CMY 模型。

相比之下，HSV（即 hue、saturation、value）和 HSI（即 hue、saturation、intensity）颜色模型，即 HSB 表示，是面向用户/应用程序的，并且与人类使用色彩（tint）、色度（shade）和色调（tone）来感知和描述颜色的方式相呼应。

1. RGB 颜色模型

在 RGB 系统中，每种颜色均由其相对于红色、绿色和蓝色三原色的分量来表示。该模型基于笛卡儿坐标系。RGB 空间为如图 1.4 所示的立方体，红色、绿色、蓝色位于 3 个角上；青色、品红色和黄色位于另外 3 个相对的角上。黑色位于原点处，白色位于离原点最远的角上。灰度——RGB 值相等的点——沿着连接这两个点的直线从黑色延伸到白色。在这一模型中，不同颜色是位于立方体上或立方体内部的点，它们由从笛卡儿坐标系原点延伸而出的向量定义。

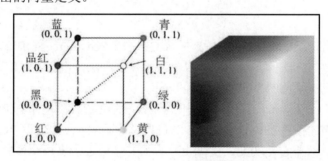

图 1.4　RGB 颜色模型

（图片来自参考文献[3]）

[①] 原著中为 chromatic，通过本书上下文以及 Gonzalez 等所著《数字图像处理》（第三版）420 页内容可知，应为 achromatic。——译者注

2. HSV 颜色模型

HSV 颜色系统又称为 HSB（B 指亮度）系统，比 RGB 系统更接近人类描述色觉的方式。在艺术术语中，色相、饱和度和明度指的是色彩、色度和色调。HSV 模型定义在一个子空间中，该子空间由一个如图 1.5 所示的六面锥体表示。HSV 基于柱面坐标。柱面坐标系是一个三维坐标系统 (ρ, ϕ, z)，通过以下方式指定点的位置：ρ 表示该点到所选定的基准轴的距离，ϕ 表示该点相对于参考方向的方向，z 表示该点到垂直于轴的参考平面的距离。色相对应于 ϕ，表示为颜色六边形中的一个角度（以红色所在的轴为 0 轴）。明度对应于 z，该值沿着位于颜色六边形中心的圆锥体轴线进行测量。轴末端（$V = 0$）表示黑色，另一末端（$V = 1$）表示白色。因此，圆锥轴表示了所有的灰色色度。饱和度对应于 ρ，通过计算该点与 V 轴的距离进行测量。

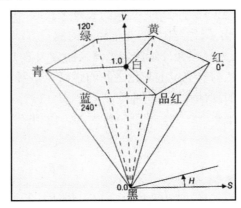

图 1.5　HSV-HSB 颜色模型

下面给出了从 RGB 值到 HSV 值的转换[2]。首先定义 $\Delta = \max(R,G,B) - \min(R,G,B)$。关于色相分量（$H$），包括两种情形：如果 $R = G = B$，则 $\Delta = 0$，此时色相未定义；如果 $\Delta > 0$，则按照如下方式来计算。

$$R* = (\max(R,G,B) - R) / \Delta$$
$$G* = (\max(R,G,B) - G) / \Delta$$
$$B* = (\max(R,G,B) - B) / \Delta$$

接着：

$$H* = \begin{cases} B*-G*, & R = \max(R,G,B) \\ R*-B*+2, & G = \max(R,G,B) \\ G*-R*+4, & B = \max(R,G,B) \end{cases}$$

最后，通过归一化，得到：

$$H = \begin{cases} \dfrac{1}{6}(H^*+6), & H^* < 0 \\ H^*, & \text{其他} \end{cases} \tag{1.1}$$

S 和 V 分量定义如下：

$$S = \begin{cases} \max(R,G,B)/\Delta, & \Delta > 0 \\ 0, & \text{其他} \end{cases} \tag{1.2}$$

$$V = \max(R,G,B)/C_{\max} \tag{1.3}$$

其中，$C_{\max}$ 是 RGB 刻度中的最大值（通常 $C_{\max} = 255$）。

3. HSI 颜色模型

HSI 颜色模型基于如图 1.6 所示的三角形和圆形平面。三角形和圆形平面垂直于垂直强度轴。色相（H）通过计算该方向与垂直轴的夹角来获取，取值范围为 $0° \sim 360°$，以红色为起始色（$0°$），给出了计算颜色的光谱组成的测量方法。饱和度（S）是一个比值，范围从 0（即在 I 轴上）径向向外延伸到锥体表面最大值 1。该分量表示主波长中纯色光的比例，表示一种颜色与等亮度的灰色之间的距离。强度（I）的范围也为 $0 \sim 1$，并测量相对亮度。在圆锥的顶部和底部分别有 $I = 0$、$I = 1$，这两处的 H 和 S 没有定义，因而没有意义。沿 I 轴的任意一点，饱和度分量为 0、色相未定义。当 $R = G = B$ 时，出现奇异点。

$$H = \cos^{-1}\left\{ \frac{\dfrac{1}{2}(R-G)+(R-B)}{\sqrt{(R-G)^2+(R-B)(R-G)}} \right\} \tag{1.4}$$

$$S = 1 - \frac{3}{R+G+B}[\min(R,G,B)] \tag{1.5}$$

$$I = \frac{1}{3}(R+G+B) \tag{1.6}$$

HSV/HSI 系统提供了一种更为自然的定义颜色的方法：色相根据彩虹的颜色，按红、橙、黄、绿、蓝、紫并返回到红的排序进行设置。减小亮度值使颜色移向黑色，降低饱和度使颜色移向白色。原因是 HSV/HSI 系统允许颜色空间中的运动，这更符合我们所说的色彩和色度。像添加白色这样的指令在 HSI 中是非常简单的，但是在 RGB 系统中就不那么明显了。HSV 颜色系统与 HSI 系统类似，不同之处在于 HSV 使用调色板解释，以呈现有意义的颜色。

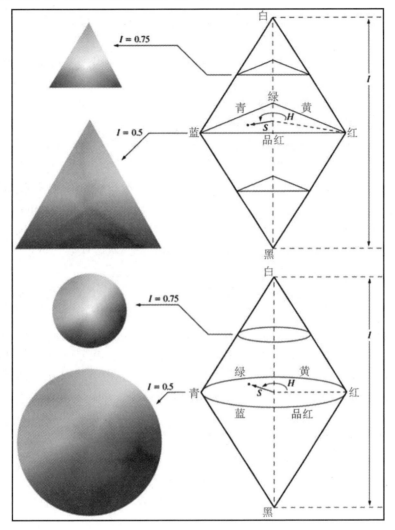

图 1.6　HSI 颜色模型

（图片来自参考文献[3]）

1.4　基于 Java 的彩色图像表示

要表示彩色图像，首先需要定义颜色模型，然后用红、绿、蓝 3 个分量表示彩色像素。如果用 1 个字节表示每个分量，就可能表示 256×256×256 种不同的颜色（大约 1600

万种）。位图（BitMaP，BMP）格式使用颜色的直接表示，也称为真颜色表示。通常为了限制内存大小，每个像素使用 4 位或 8 位表示。在这种情况下，还需要使用调色板或颜色表，即一个查找表，其中每个元素均包含一个三元组，用于表示 RGB 值。在这种情况下，每个像素值即为查找表中的一个条目，因而该表示方法是颜色值的间接表示或索引表示。GIF、TIF 和 PNG 格式使用颜色的索引表示，并使用 4 或 8 位的查找表，因此每个像素均为 16 或 256 种颜色调色板的索引。

　　Java 允许通过软件包 image 来存储和处理彩色图像，第 5 章将介绍 Java 和 ImageJ 插件的相关内容，以实现图像处理。

　　Java 通过像素列阵表示 RGB 彩色图像。每个颜色像素均使用 32 位整数值，以打包模式表示，其中高位字节表示 alpha 分量，然后是红、绿和蓝分量。alpha 值表示像素的透明程度，取值范围从 0（透明像素，即不可见）到 255（不透明像素）。在灰度图像中，3 个分量（R, G, B）具有相同的值。要将彩色像素转换为灰度像素，可以使用以下公式：

$$I = (R + B + G) \tag{1.7}$$

　　由于人眼对绿色和红色比对蓝色敏感，因此通常使用一个加权和来考虑人眼对三基色的不同感知：

$$I = 0.299R + 0.587G + 0.114B \tag{1.8}$$

　　Java 支持多种 RGB 真彩色图像格式，如 TIFF、BMP、JPEG、PNG 和 RAW。此外，它还支持 RGB 索引彩色图像格式，如 GIF、PNG、BMP 和 TIFF。特别是 Java 类 ColorProcessor 提供了以下功能，支持在 RGB 和 HSB 空间中轻松处理彩色图像。

　　（1）创建一个新的图像。

　　（2）从 RGB 到 HSB 的转换，反之亦然。

　　（3）分离或合并颜色分量。

　　（4）通过添加、删除、合并切片到图像中管理分量堆栈或切片堆栈。

　　代码清单 1.1 展示了一个使用式（1.1）～式（1.3）将彩色图像从 RGB 转换为 HSB（HSV）堆栈的 Java 插件。

代码清单 1.1　将 RGB 转换为 HSB 的 Java 程序

```java
import ij.*;
import ij.plugin.filter.PlugInFilter;
import ij.process.*;
import ij.gui.*;
import java.awt.*;
/* Splits an RGB image into three 8-bit grayscale components
  (hue, saturation and brightness) */
public class RGB_Splitter_into_HSI_components
```

```
                     implements PlugInFilter {
    ImagePlus imp;
public int setup(String arg, ImagePlus imp) {
        this.imp = imp;
        return DOES_RGB+NO_UNDO;
    }
    public void run(ImageProcessor ip) {
        int w = imp.getWidth();
        int h = imp.getHeight();
    ImageStack hsbStack = imp.getStack();
        ImageStack hueStack = new ImageStack(w,h);
        ImageStack satStack = new ImageStack(w,h);
        ImageStack brightStack = new ImageStack(w,h);
     byte[] hue,s,b;
        ColorProcessor cp;
        int n = hsbStack.getSize();
        for (int i=1; i<=n; i++) {
            IJ.showStatus(i+"/"+n);
            hue = new byte[w*h];
            s = new byte[w*h];
            b = new byte[w*h];
            cp = (ColorProcessor) hsbStack.getProcessor(1);
            cp.getHSB(hue,s,b);
            hsbStack.deleteSlice(1);
            // System.gc();
            hueStack.addSlice(null,hue);
            satStack.addSlice(null,s);
            brightStack.addSlice(null,b);
            IJ.showProgress((double)i/n);
        }
        String title = imp.getTitle();
        imp.hide();
        new ImagePlus("(hue)" + title,hueStack). show();
        new ImagePlus("(saturation)" + title,satStack).show();
        new ImagePlus("(brightness)" + title,brightStack).show();
    }
}
```

代码清单 1.2 展示了一个 Java 插件的例子，它将封装在整数 c 中的 RGB 值转换为 3 个基本分量 $[r\ g\ b]$，然后对每个分量求反，生成一个颜色尺度相反的新图像。为了分离每个颜色分量，对每个像素 $[u,v]$ 进行逐位 AND 操作，其中以十六进制记数法表示适当的位掩码，接着将提取的位向右移 16 位，以得到 r 分量，右移 8 位以得到 g 分量，如代码清单 1.2 所示。通过阅读第 5 章关于图像处理的 Java 介绍，读者可以更好地理解该部分代码的细节。

代码清单 1.2　彩色逆变器 Java 插件

```java
import ij.*;
import ij.gui.*;
import java.awt.*;
import ij.plugin.filter.PlugInFilter;
import ij.process.*;
/* ColorInverter
 * Inverts the pixels in the ROI of a RGB image.
 * This is an example from the ImageJ plugin writing tutorial:
 * http ://www.fh -hagenberg.at/mtd/depot/imaging/imagej
 */
public class ColorInverter_ implements PlugInFilter {
public int setup(String arg, ImagePlus imp) {
  if (arg.equals("about"))
    {showAbout(); return DONE; }
              return DOES_RGB+NO_CHANGES;
    }
  //
public void run(ImageProcessor ip) {
  // get width, height and the region of interest
  int w = ip.getWidth();
  int h = ip.getHeight();
  Rectangle roi = ip.getRoi();
  // create a new image with the same size
  // and copy the pixels of the original image
  ImagePlus inverted = NewImage.createRGBImage(
          "Inverted image", w, h, 1, NewImage.FILL_BLACK);
  ImageProcessor inv_ip = inverted.getProcessor();
  inv_ip.copyBits(ip,0,0,Blitter.COPY);
  int[] pixels = (int[]) inv_ip.getPixels();
  // invert the pixels in the ROI
  for (int i=roi.y; i<roi.y+roi.height; i++) {
    int offset =i*w;
    for (int j=roi.x; j<roi.x+roi.width; j++) {
      int pos = offset+j;
      int c = pixels[pos];
      int r = (c&0 xff0000)>>16; // extract red component
      int g = (c&0 x00ff00)>>8;  // extract green component
      int b = (c&0 x0000ff);     // extract blue component
```

```
        r=255 -r;
        g=255 -g;
        b=255 -b;
        pixels[pos]=((r & 0xff) < <16)+((g & 0xff)<< 8)+(b & 0xff);
      }
   }
   inverted.show();
   inverted.updateAndDraw();
 }
 void showAbout() {
   IJ.showMessage("ColorInverter","inverts ROI of a RGB image");
 }
}
```

参 考 文 献[①]

[1] Burger, W., Burge, M.J.: Digital Image Processing: An Algorithmic Introduction Using Java. Springer Science & Business Media, Heidelberg (2009)

[2] Foley, J.D., Van Dam, A.: Fundamentals of Interactive Computer Graphics, vol. 2. Addison-Wesley, Reading (1982)

[3] Gonzalez, R.C.,Woods, R.E.: Digital Image Processing. Prentice Hall, Upper Saddle River (2008)

[①] 为方便查阅，本书各章参考文献均保留原著格式。

第 2 章　低级图像处理

如果存在障碍，两点之间最短的距离可为曲线。

——贝托尔特·布莱希特

摘要：本章介绍了低级图像处理的一些基本概念，介绍了对比度增强、图像平滑和边缘检测这 3 项[1]图像处理任务的基本方法，以及搜索边缘点最优配置的函数优化方法。

2.1　引　言

第 1 章介绍了低级、中级和高级数字图像处理的概念。在低级处理任务中，使用数字图像作为输入，得到另外一幅数字图像作为输出（例如，为实现可视化而改进的图像）。在中级处理任务中，从输入图像中获取一些特征，如边缘或区域。在高级处理任务中，结果是对输入图像内容的描述。

低级图像处理采用不同的算子。通常，我们将其分为如下类型。

❑　点算子：通过独立于其他像素的方式处理每个像素以产生单个输出像素。

❑　局部算子：通过处理该像素的邻域以生成单个输出像素。

❑　全局算子：通过处理整个图像以生成单个输出像素。

一般来说，低级算子的目标是通过增强或去除噪声的方法来提高输入图像的视觉质量。本章将介绍 3 个基本的图像处理任务，即对比度增强、图像平滑和边缘检测[2]。为此，下面给出一些符号。

设 $f(x,y)$ 为 $M \times N$ 个像素、L 个灰度级的灰度图像，有以下定义。

❑　图像 $f(x,y)$ 的尺度或动态范围为 $[a,b]$，即对于每个 (x,y)，均有 $a \leqslant f(x,y) \leqslant b$。

❑　图像 $f(x,y)$ 的直方图 $h(i)$，$i = 0, \cdots, L-1$ 表示每个灰度级的发生率。

代码清单 2.1 中提供了一个简单的应用程序来计算灰度图像的直方图。该应用程序可以通过使用代码清单 2.2 中列出的 HTML 代码来执行。若运行该应用程序，需要创建一个包含文件 HistogramApplet.java 和 HistogramApplet.html 的 Java 项目，并将待处理的名

---

[1] 原著有误，原为"两项"，已与作者确认。——译者注

[2] 原著有误，原为"我们将介绍两个基本的图像处理任务，即对比度增强和边缘检测"，已与作者确认。——译者注

为 im.png 的图像放入同一目录中。

在 RGB 颜色空间中，可以计算每个分量的单独的直方图。给定一个输入彩色图像，可通过插件来计算 R、G、B 分量的直方图[5]。

代码清单 2.1 HistogramApplet.java：用于直方图可视化的 Java 应用程序

```java
import java.awt.*;
import java.awt.image.*;
import java.applet.Applet;
public class HistogramApplet extends Applet {
  private Image image;
  private ImageCanvas imageCanvas;
  private Panel panel;
  private TextArea text;

  public void init() {
    String image_file = getParameter("IMAGEFILE");
    image = getImage(getDocumentBase(), image_file);
    while(image.getWidth(this)<0);
    Dimension imageSize = new Dimension(
        image.getWidth(this), image.getHeight(this));
    imageCanvas = new ImageCanvas(image, imageSize);
    int[] pixels = ImageCanvas.grabImage(image, imageSize);
    panel = new Panel(new GridLayout(1,2,10,10));
    text = new TextArea(20,5);
    panel.add(imageCanvas);
    panel.add(text);
    add(panel);
    text.setText((new Histogram(pixels)).toString());
  }
}
class Histogram {
private int histo[] = new int[256];
  public String toString() {
    String text = "";
    for(int i=0; i <256; i++) {
      text += i+" "+histo[i]+'\n';
    }
    return text;
  }
  public Histogram(int[] rgb) {
    for(int i=0; i<rgb.length; i++) {
```

```
      int tmp = (int) (
        (((rgb[i] & 0xff0000)>>16) * 0.299) +
        (((rgb[i] & 0x00ff00)>>8 ) * 0.587) +
        (((rgb[i] & 0x0000ff)    ) * 0.114) );
      histo[tmp]++;
    }
  }
  public int getValueAt(int index) {
    return histo[index];
  }
}
class ImageCanvas extends Canvas {
static final int MIN_WIDTH = 64;
static final int MIN_HEIGHT = 64;
private Image image;
private Dimension size;

  public ImageCanvas(Image img, Dimension dim) {
    super();
    image = img;
    size = dim;
  }
  public Dimension getMinimumSize() {
    return new Dimension(MIN_WIDTH, MIN_HEIGHT);
  }
  public Dimension getPreferredSize() {
    return new Dimension(size);
  }

  public void paint(Graphics g) {
    g.drawImage(image, 0, 0, getBackground(), this);
  }
static public int[] grabImage(Image image, Dimension size) {
    int[] data = new int[size.width * size.height];
    PixelGrabber pg = new PixelGrabber(
      image, 0, 0, size.width, size.height, data, 0, size.width);

    try {
      pg.grabPixels();
    }
    catch (InterruptedException e) {
      System.err.println(
```

```
      "ImageSampler: interrupted while grabbing pixels");
    return null;
  }
  if ((pg.status() & ImageObserver.ABORT) != 0) {
    System.err.println(
      "ImageSampler: pixel grab aborted or errored");
    return null;
  }
  return data;
  }
  }
```

代码清单 2.2　HistogramApplet.html：用于运行 HistogramApplet.java 的 HTML 代码

```
<html>
<head><title>Histogram </title></head>
<body>
<H1>Histogram </H1>
<applet
  name="HistogramApplet"
  code="HistogramApplet.class"
  width="800"
  height="500"
  alt="If you have a Java-enabled browser,
  you would see an applet here.">
<param name="IMAGEFILE" value="im.png">
</applet>
</body>
</html>
```

通常，为了定义低级算子，必须在每个像素的某个邻域上定义一个映射 T，它将输入图像 $f(x, y)$ 变换为输出图像 $g(x, y)$，即

$$g(x, y) = T(f(x, y)) \tag{2.1}$$

其中，T 为动态范围 $[a, b]$ 上定义的线性或非线性函数。

2.2　对比度增强

图像的对比度是指图像中使用的灰度范围——动态范围。它是指像素的强度变化，由最小强度值和最大强度值定义。对比度分辨率是区分强度差异的能力。例如，低对比度的图像值可能仅集中在若干个灰度值附近（如大部分为暗值、亮值或中等值）。图像

对比度的一个定义如下：

$$C = \frac{S_A - S_B}{S_A + S_B}$$

其中，S_A 和 S_B 为对应于 A 和 B 两个不同区域（如背景和对象）的像素的强度平均值。

低对比度图像的产生可能是由于光照不足、成像传感器缺乏动态范围或者在图像采集过程中设置错误。一个基本的低级任务是通过对比度增强算子来改善图像的对比度。

为了提高对比度，有必要将图像的灰度级转换为可视的整个灰度级范围（通常为[0,255]）。具体来说，对比度拉伸是指在图像中突出显示特定的灰度范围。对比度拉伸背后的思想是扩展图像处理的动态范围。此外，为了扩展动态范围，需要逐级进行级间插值。图 2.1 展示了一个相关例子。

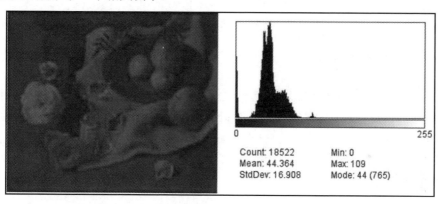

（a）一幅 RGB 图像及其亮度直方图

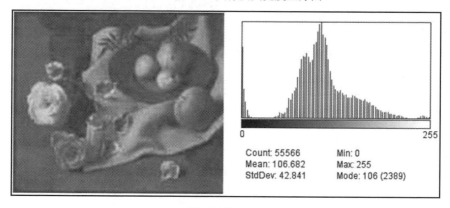

（b）增强图像及其直方图

图 2.1　逐级进行级间插值示例

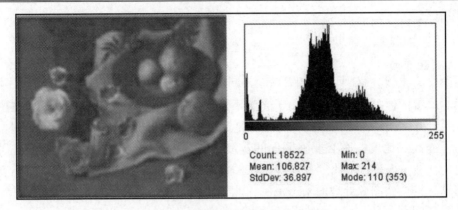

（c）增强并插值所得图像及其直方图

图 2.1　逐级进行级间插值示例（续）

2.2.1　灰度图像变换

一些对比度增强方法基于灰度变换和直方图修正。这些方法为点算子，作用在邻域缩小至$(1×1)$的像素上。因此，式（2.1）可以表示为$l' = T(l)$，其中l和l'分别表示输入像素值和输出像素值。由于映射$T(\cdot)$是一个点算子，它独立于像素坐标并适用于所有图像像素，因此输出像素仅依赖于具有相同坐标的输入像素。这些算子可以通过查找表来表示。

灰度变换算子可分为两大类：线性算子和非线性算子。下面将给出两类算子的一些例子。

1. 线性对比度拉伸

线性对比度拉伸变换通过将原始灰度范围$[a,b] \subset [0,255]$线性拉伸到区间$[0,255]$来提高动态范围。该变换定义如下：

$$l' = T(l) = 255\frac{(l-a)}{(b-a)} \tag{2.2}$$

其中，$a \leqslant l \leqslant b$。

通常来说，从范围$[a,b]$到$[a',b']$的线性变换是指：

$$l' = T(l) = (l-a)\frac{(b'-a')}{(b-a)} + a' \tag{2.3}$$

其中，$a \leqslant l \leqslant b$。

2. 带裁剪的线性对比度拉伸

当$[a,b] \supset [0,255]$时采用带裁剪的线性对比度拉伸转换。如果灰度级超出范围$[0,255]$

的数量较小，则灰度级以下列方式进行裁剪：灰度级 $l \leqslant 0$ ，设置为 0；灰度级 $l \geqslant 255$ ，设置为 255；其他灰度级，则使用式（2.2）。

3．对数变换

对数变换定义如下：

$$l' = c \log(1 + |l|) \tag{2.4}$$

其中，$c > 0$ 。该变换用于压缩动态范围，以增强与低灰度级相关的细节。例如，它可用于图像的傅里叶频谱的可视化[11]。

4．幂变换

幂变换定义如下：

$$l' = l(c \cdot \exp^{\gamma}) \tag{2.5}$$

其中，c 和 γ 为正常数。改变 γ 的值，可以压缩或扩展灰度级的动态范围。通常，幂函数中的指数称为伽马。幂变换可用于执行伽马校正，以在显示器上可视化显示图像，亦可用于通用的对比度操作[6]。

5．S-形变换

S-形变换定义如下：

$$S(x) = 1 / (1 + \exp^{-\gamma(x-c)})^{①} \tag{2.6}$$

其中，c 表示函数的拐点横坐标；γ 控制对比度（值大于 5 时能够实现对比度增强）。图 2.2 展示了 $c = 0.2$ ，$\gamma = 15$ 时的 S-形函数曲线。通过应用不同的 γ 值和 c 值，可以得到不同的对比度增强结果。

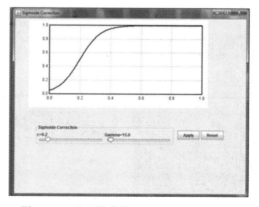

图 2.2　S-形函数曲线（$c = 0.2$ ，$\gamma = 15$ ）

---

① 原为 $S(x) = 1 / (1 + \exp^{-\gamma(x-c)}$ ，少了一个右括号，应为 $S(x) = 1 / (1 + \exp^{-\gamma(x-c)})$ 。——译者注

图 2.3 展示了一些使用不同 S-形函数进行对比度修正的例子。这些例子均由代码清单 2.3 所提供的插件产生。

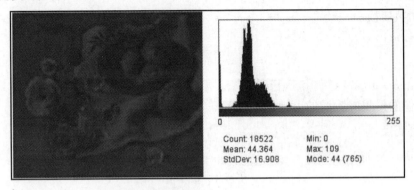

（a）原始图像（图 2.1 的亮度分量及其直方图）

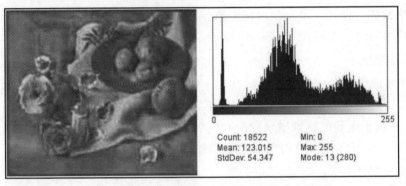

（b）当 $c = 0.2$，$\gamma = 15$ 时，S-形变换所得的对比图像

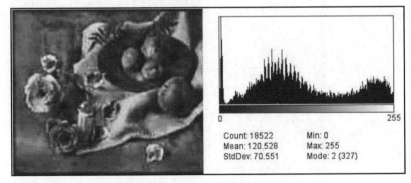

（c）当 $c = 0.2$，$\gamma = 24$ 时，S-形变换所得的对比图像

图 2.3 一些使用不同 S-形函数进行对比度修正的例子

代码清单 2.3　S-function.java：使用 *S*-形函数实现对比度增强的 Java 插件

```java
/**
 * Contrast enhancement by the following sigmoid function:
 * bb = 1/(1+ Math.exp(GAMMA *(c-aa))).
 *
 * Different values for the parameters c and GAMMA
 * can be chosen
 *
 * Author: Ignazio Altomare
 * Date: 4/11/2010
 */
import ij.ImagePlus;
import ij.plugin.filter.PlugInFilter;
import ij.process.ImageProcessor;
import ij.gui.GenericDialog;
import ij.*;
import ij.gui.*;
import ij.plugin.filter.PlugInFilter;
import ij.process.*;
import java.awt.*;
import java.awt.event.*;
import javax.swing.*;
import javax.swing.event.*;
import ij.text.*;

public class Sigmoid_Correction extends WindowAdapter
    implements PlugInFilter, ChangeListener, ActionListener {

  private int w;
  private int h;
  private ImagePlus im_sig;
  private ImageProcessor ip_orig,ip_sig;
  private byte[] im;
  private ImageWindow w_sig;

  // variables
  private int K = 256;
  private int aMax = K - 1;
  private float GAMMA_ini = 15f;
  private float c_ini = 0.5f;
  // window for visualizing the sigmoid function
  private JFrame windowSig;
  private PlotPanel graphicSig;
```

```java
// button for applaySig e resetSig
private JButton applySig;
private JButton resetSig;
// labels for C and Gamma
private JLabel C_label;
private JLabel Gamma_label;
// sliderfor the values C and Gamma
private JSlider C_slider;
private JSlider Gamma_slider;

public int setup(String arg, ImagePlus img) {
    return DOES_8G;
}
public void run(ImageProcessor ip) {
    w = ip.getWidth();
    h = ip.getHeight();
    ip_orig=ip;

    // create a copy of the image
    im_sig = NewImage.createByteImage("Sigmoid Correction",w,h,1,
        NewImage.FILL_BLACK);
    ip_sig = (im_sig.getProcessor()). convertToByte(true);
    ip_sig.copyBits(ip,0,0, Blitter.COPY);

    // get pixel values
    im = (byte[]) ip_sig.getPixels();

    // process
    this.process();

    // show the sigmoid window
    this.showSig();

    w_sig = new ImageWindow(im_sig);
    w_sig.addWindowListener(this);
    im_sig.updateAndDraw();
}


private void process() {
    // create a lookup table for the mapping function
    int[] Fgc = new int[K];
    for(int a = 0; a < K; a++) {
        double aa = (double) a / (double)aMax; // scale to [0,1]
```

```
        double bb = 1/(1+ Math.exp(GAMMA_ini *(c_ini -aa)));

            // scale back to [0 ,255]
            int b = (int) Math.round(bb * aMax);
            Fgc[a] = b;
        }

        ip_sig.applyTable(Fgc); // modify the image
    }

private ImagePlus plotSig() {
    float[] x = new float[256];
    float[] y = new float[256];

    for(int i=0; i <256; i++) {
        x[i]=(float)i/(float)aMax;
        y[i]=(float)(1/(1+ Math.exp(GAMMA_ini *(float)(c_ini -x[i]))));
    }

    Plot p = new Plot("Sigmoid Correction","","",x,y);
    p.setLimits(0.0,1.0,0.0,1.0);
    p.setLineWidth(2);

    return p.getImagePlus();
}
private void showSig() {
    // create buttons
    applySig=new JButton("Apply");
    applySig.addActionListener(this);
    resetSig=new JButton("Reset");
    resetSig.addActionListener(this);

    // create panels
    JPanel panelSigmoid=new JPanel(new GridLayout(2,2));
    JPanel panelApply_Reset=new JPanel();
    graphicSig = new PlotPanel(this.plotSig().getImage());


    // set borders of panel
    panelSigmoid.setBorder(BorderFactory.createTitledBorder
        ("Sigmoid Correction"));

    // create labels
    C_label=new JLabel();
```

```java
    Gamma_label=new JLabel();

    this.setLabelSig();

    // add labels to panel
    panelSigmoid.add(C_label);
    panelSigmoid.add(Gamma_label);

    // create sliders
    C_slider=new JSlider(JSlider.HORIZONTAL);
    Gamma_slider=new JSlider(JSlider.HORIZONTAL);

    this.setSliderSig();

    C_slider.addChangeListener(this);
    Gamma_slider.addChangeListener(this);

    // add slider to panel
    panelSigmoid.add(C_slider);
    panelSigmoid.add(Gamma_slider);

    // add Apply and Reset buttons
    panelApply_Reset.add(applySig);
    panelApply_Reset.add(resetSig);

    // create window for the Sigmoid function
    windowSig = new JFrame("Sigmoid Correction");
    windowSig.setSize (700,550);
    windowSig.setLocation (300,200);
    windowSig.setDefaultCloseOperation(JFrame.DISPOSE_ON_CLOSE);
    windowSig.setLayout(new FlowLayout());
    Container contentPane=windowSig.getContentPane();
    contentPane.add(graphicSig);
    contentPane.add(panelSigmoid);
    contentPane.add(panelApply_Reset);
    windowSig.setVisible(true);
}

private void setLabelSig() {
    C_label.setText("c="+c_ini);
    Gamma_label.setText("Gamma="+GAMMA_ini);
}

private void setSliderSig() {
```

```java
    C_slider.setMinimum(1);
    C_slider.setMaximum(10);
    C_slider.setValue((int)(c_ini *10));
    Gamma_slider.setMinimum(1);
    Gamma_slider.setMaximum(255);
    Gamma_slider.setValue((int)GAMMA_ini);
}

private void resetSig() {
    c_ini =0.5f;
    GAMMA_ini =15;
    C_slider.setMinimum(1);
    C_slider.setMaximum(10);
    C_slider.setValue((int)(c_ini *10));
    Gamma_slider.setMinimum(1);
    Gamma_slider.setMaximum(255);
    Gamma_slider.setValue((int)GAMMA_ini);
}

public void actionPerformed(ActionEvent e){

    Object source=e.getSource();

    if(source == applySig){
        ip_sig.copyBits(ip_orig,0,0, Blitter.COPY);
        im = (byte[]) ip_sig.getPixels();
        this.process();
        im_sig.updateAndDraw();
    }

    if(source == resetSig){
        this.resetSig();
        setSliderSig();
        setLabelSig();
        graphicSig.updateImage(plotSig(). getImage());
    }
}

public void stateChanged(ChangeEvent e){
    Object source=e.getSource();

    if(source == C_slider){

        c_ini = (float)C_slider.getValue()/(float)10;
```

```
        setSliderSig ();
        setLabelSig ();
        graphicSig.updateImage(plotSig(). getImage());
    }


    if(source == Gamma_slider){

        GAMMA_ini = Gamma_slider.getValue();

        setSliderSig();
        setLabelSig();
        graphicSig.updateImage(plotSig(). getImage());
    }


}
public void windowClosing(WindowEvent e){
    windowSig.setVisible(false);
  }
}
```

2.2.2　阈值化

实施对比度拉伸的另一种方法是阈值化。定义阈值 t，若灰度级 $l \leqslant t$，设置为 0；若灰度级 $l > t$，则设置为 255。如此可得一个值为 $\{0,255\}$ 或 $\{0,1\}$ 的二值图像（见图 2.4）。

（a）Lena 图像　　　　　　　　（b）仅对亮度分量进行阈值化所得的图像

图 2.4　二值图像

2.2.3　直方图变换

直方图是多种空间域处理技术的基础。直方图不但计算简单，而且便于商用硬件实现，因此已成为一种进行实时图像处理的流行工具。

直方图表示图像的全局信息——所有具有特定值 i 的像素填充直方图的第 i 个颜色分区，即 $h(i) = n_i$，n_i 是值为 i 的像素个数。直方图中峰的存在可以表示亮区或暗区，亦可以表示具有低或高对比度的区域。直方图的修正可产生不同的灰度级分布。因此，直方图操作可以有效地用于图像增强。直方图的修正通过点变换 $T : j \to k$ 来定义，如果灰度级 j 具有频率 $h(j)$，那么变换后的灰度级 k 的频率为 $g(k)$，其中 $h(\cdot)$ 和 $g(\cdot)$ 分别是初始直方图和变换后的直方图。

均衡化或归一化操作将灰度分布变换为均匀分布，其中每个变换后灰度级的频率近似为常数，即 $g(i) \simeq$ 常数，$i = 0, \cdots, L_{\max}$，其中 $L_{\max}$ 为最大灰度级。均衡化提供了一个几乎均匀的直方图，它通过增强对比度、删除太亮或太暗的区域来改进图像。

设 $f(x, y)$ 为 $n = M \times N$ 个像素、$L_{\max} + 1$ 个灰度级的灰度图像，$h(i)$ 为其直方图。f 的累积直方图定义为：

$$h_c(i) = \sum_{j=0}^{i} h(j) = \sum_{j=0}^{i} n_j$$

其中，$i = 0, \cdots, L_{\max}$。如果直方图 h 是均匀的，则其累积函数 h_c 是一条直线。因此，我们可以通过将累积直方图 h_c 强制变换为线性来实施直方图 h 的均衡化：

$$\frac{i}{h_c(i)} = \frac{L_{\max}}{n}, \ i = 0, \cdots, L_{\max}$$

从中可以看出：

$$i = L_{\max} \frac{h_c(i)}{n} = L_{\max} \frac{\sum_{j=0}^{i} h(j)}{n} = L_{\max} \frac{\sum_{j=0}^{i} n_j}{n}$$

其中，n 为像素个数，n_j 为灰度级 j 的发生次数。

附录 A 提供了一个用于计算彩色图像直方图的 Java 插件[5]。

2.3　图　像　平　滑

平滑也称模糊，是一种简单而频繁的图像处理操作，用于“模糊”图像、去除细节和噪声。模糊处理可以减弱像素与相邻像素之间灰度的突变（随机噪声）或与少量像素相关的无关细节。

一般来说，为了进行平滑操作，我们通过一个局部算子对图像进行滤波。局部算子对以输入图像 f 的像素 (x,y) 为中心的邻居或窗口 w 进行计算（见图 2.5），得到相应的输出图像 g 上的每个像素值 (x,y)，公式如下：

$$g = T(f, w)$$

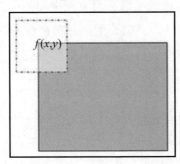

图 2.5 以像素 $f(x,y)$ 为中心的窗口或模板

在图 2.5 中，滤波器可形象地表示为一个在图像上滑动的系数窗口，即按固定的顺序（例如，从左到右，从上到下）对图像进行探索。函数 T 可以是线性的，也可以是非线性的。最常见的滤波器类型是线性的：以输入像素值 $f(x+i, y+j)$ 的加权和作为输出值 $g(x,y)$。利用线性系统理论，即傅里叶变换和卷积定理，可以正式描述基于卷积运算的局部算子。

线性图像平滑是一种基于图像与适当尺寸（$L \times L$）的矩阵 h（模板或核）进行卷积的局部算子，其中 L 为奇数值。更正式地，给定一个具有 $M \times N$ 个像素的图像 $f(x,y)$ 和一个 $L \times L$ 空间域模板 $h(x,y)$，定义 $l = \lfloor L/2 \rfloor$，以下公式描述了图像 f 和模板 h 之间的空间域卷积，其原点位于模板的中心：

$$g = h \otimes f$$

$$g(x,y) = \sum_{i=-l}^{l} \sum_{j=-l}^{l} h(i,j) f(x+i, y+j) \qquad x = 0, \cdots, M-1, y = 0, \cdots, N-1$$

根据卷积公式中所使用的模板的不同，存在多种滤波器。下面介绍一些常用的滤波器。

1. 均值滤波器

一个简单的图像平滑过程是局部地计算每个像素的平均值，这可以通过输入图像与

图 2.6 中模板（低通空间滤波）的卷积得到。模板是一个系数方阵，用于对被检测像素的邻域进行计算以得到一个新值。它亦称为空间域滤波器。需对乘积因子进行权重归一化处理，以使输出范围与输入范围相同。卷积算子的作用是将每个输出像素计算为其 $L \times L$ 邻域内像素的平均值。

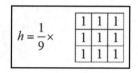

图 2.6　3×3 均值滤波器

2. 高斯滤波器

高斯平滑算子是一个二维卷积算子，用于模糊图像、去除细节和噪声。它使用具有二维高斯函数形状的核函数：

$$G(x, y, \sigma) = \left[\frac{1}{2\pi\sigma^2}\right] \exp\left(-\frac{x^2 + y^2}{2\sigma^2}\right)$$

其中，σ 为标准差，$r = x^2 + y^2$ 是从中心发出的射线。平滑度由 σ 值决定，为进行精确地表示，σ 增大则卷积核也需相应地增大。图 2.7 展示了二维高斯函数和相应的模板。

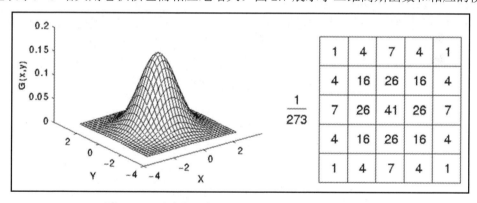

图 2.7　二维高斯函数（$\sigma = 1$）以及相应的 5×5 模板

高斯函数上约 99.7%的采样点落在该函数的 3 个标准差（σ 远离均值的距离）内，该事实被称为3σ 准则。为此，一维时，高斯平滑消除了距离当前像素大于3σ 的点对当前像素的影响，二维的相应距离为$6\sqrt{2}\sigma$（二维高斯函数的中心瓣的值为$2\sqrt{2}\sigma$）。本书提供了一个用于二维高斯滤波器的 Java 插件[7]。图 2.8 展示了高斯平滑对 Lena 图像的影响示例。

图 2.8　Lena 图像以及高斯平滑结果（$\sigma = 3$）

2.4　边　缘　检　测

　　边缘表示图像振幅上的突变或不连续，如亮度、表面方向、颜色等。边缘是物体边界的特征，通常定义为分隔两个区域的曲线，这两个区域具有不同的特征平均值。区域差异可能是由场景的几何形状、表面的辐射特性和光照等因素造成的。如果区域足够均匀，则可以通过分析沿灰度级的不连续来检测相邻区域之间的过渡。

　　边缘检测是图像分析和计算机视觉中的一个基本问题。该过程通过定位和识别图像中明显的间断性，给出不同区域间的边界。边界检测是人脸识别、障碍物检测、目标识别、图像压缩等计算机视觉与边缘相关任务的第一步。边缘检测是一种基于图像与维数为 $L \times L$ 的矩阵 h（模板或核）卷积的局部算子，其中 L 为奇数值。

　　边缘具有以下特征。

- □　边缘法线：最大强度变化方向的单位向量。
- □　边缘方向：沿边缘的单位向量（垂直于边缘法线）。
- □　边缘位置或中心：边缘所在的图像位置。
- □　边缘强度或大小：沿法线方向的局部图像对比度。一般来说，如果一个像素的强度超过了预先给定的阈值，那么它就是一个边缘像素。

　　边缘检测方法检测对象或区域边界的候选像素点。为获取一个对象的边界，该边界的所有边缘像素应被分组到一起。这可以通过边界跟踪算法或分组算法来实现。

　　由于边缘可能不是完全不连续的，所以检测到的边缘的质量高度依赖于噪声、光照条件、相同强度的物体以及场景中边缘的密度。关于这个问题，需要注意的是，即使在原始图像中噪声是不可见的，但在导数中，尤其是在二阶导数中，噪声是极为明显的。因此，基于导数的边缘检测受噪声的影响较大。阈值化可以减小噪声的影响。例如，如果图像中某一点的一阶导数大于指定的阈值，可以将该点定义为边缘点。如此，便可以自动判断哪些明显的灰度转换可以视为边缘。当边缘位于弱间断上时，就会出现其他问题。第 8 章给出了解决这个问题的办法。

　　最常用的边缘检测方法是基于一阶导数的梯度算子、基于二阶导数的拉普拉斯算子和高斯拉普拉斯（LoG）算子。图 2.9 展示了如何使用一阶导数的幅度来检测图像中边缘。二阶导数的符号可以用于确定一个边缘像素是位于该边缘较暗的一侧还是较亮的一侧。二阶导数的零交叉点提供了一种强大的定位图像边缘的方法。

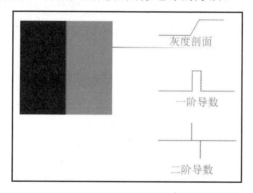

图 2.9　边缘轮廓及其导数

边缘检测方法一般分为 3 个步骤。

　　（1）平滑处理以降噪。

　　（2）实施边缘增强，这是一个局部算子，用于提取所有可能成为边缘点的候选像素点。

　　（3）实施边缘定位（阈值化），从候选边缘点中选择边缘点。

　　第（1）和（2）步可以通过将输入图像与适当的模板进行卷积以得到梯度图像。第（3）步为边缘点的检测，例如寻找一阶导数算子的最大值和最小值。这些算子分析给定像素的邻域内梯度值的分布情况，根据阈值确定该像素是否应被划分为边缘点。这些边缘检测器的检测结果对阈值非常敏感。这些算子需要较高的计算时间，因此不能用于实时应用。

1. 梯度算子

　　给定图像 $f(x,y)$，其梯度定义为：

$$\nabla f(x,y) = \begin{bmatrix} \dfrac{\partial f(x,y)}{\partial x} \\ \dfrac{\partial f(x,y)}{\partial y} \end{bmatrix}$$

梯度的大小由下式给出：

$$m(x,y) = \left| \nabla f(x,y) \right| = \left(\left(\frac{\partial f(x,y)}{\partial x} \right)^2 + \left(\frac{\partial f(x,y)}{\partial y} \right)^2 \right)^{\frac{1}{2}}$$

梯度的方向由下式给出：

$$\alpha(x,y) = \tan^{-1} \left(\frac{\partial f(x,y)}{\partial x} \middle/ \frac{\partial f(x,y)}{\partial y} \right)$$

梯度算子可以实现为与图 2.10 和图 2.11 所示模板的卷积。

-1	-2	-1
0	0	0
1	2	1

1	2	1
0	0	2
-1	-2	-1

-1	0	1
-2	0	2
-1	1	1

1	0	-1
2	0	-2
1	0	-1

图 2.10　检测垂直边缘的 Sobel 模板　　　　图 2.11　检测水平边缘的 Sobel 模板

2. 拉普拉斯算子

在许多应用中，构造各向同性，即旋转不变的导数算子引起了众多学者的兴趣，这意味着旋转图像 f 并应用该算子得到的结果与先对 f 应用该算子并旋转的结果相同。换句话说，如果算子是各向同性的，那么对所有边缘实施统一的锐化能够使所有方向上的边缘均得以增强。其中的一个各向同性算子是拉普拉斯算子，定义为：

$$\nabla^2 f(x,y) = \frac{\partial^2 f(x,y)}{\partial^2 x} + \frac{\partial^2 f(x,y)}{\partial^2 y}$$

这可以使用图 2.12 所示的模板来实现。如果 $f(x,y)$ 不是常数，或者它不是线性变化的，那么 f 的拉普拉斯就会出现一个零交叉点，即过 x 轴时符号发生变化。

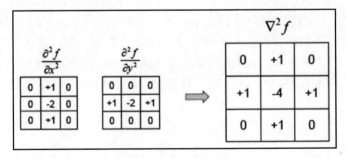

图 2.12　拉普拉斯模板

3. 高斯拉普拉斯算子

利用二阶导数，在提取零交叉点的基础上进行边缘定位，零交叉点表示过 x 轴时符号发生变化。由于二阶导数对噪声非常敏感，因此需要一个滤波函数。高斯函数被用于平滑图像，从而得到高斯拉普拉斯算子（LoG）[8]。高斯平滑算子是一种二维卷积算子，用于模糊图像、去除细节和噪声。它使用二维高斯函数形状的核，形式如下：

$$G(x,y,\sigma) = \left[\frac{1}{2\pi\sigma^2}\right]\exp\left(\frac{-x^2+y^2}{2\sigma^2}\right)$$

基于该高斯函数的 LoG 算子定义为：

$$\text{LoG}(x,y,\sigma) = c\left[\frac{(x^2+y^2)}{\sigma^2} - 1\right]\exp\left(\frac{-x^2+y^2}{2\sigma^2}\right)$$

其中，c 因子用于归一化，σ 用于对每个像素 (x,y) 确定影响该像素点的拉普拉斯算子的点的个数。通过零交叉点对具有不对称形状的边缘的定位会引入偏差，其随滤波的平滑效应的增加而增加，这是与 LoG 算子相关的一个重要问题[1]。

2.4.1　Canny 算子

为了避免检测到的边缘对噪声的依赖，J. Canny 提出了一个有趣的解决方案[2]，他所定义的最优边缘检测算子包括 3 个标准：检测准确、定位精确和单边缘响应（图像中给定的边缘只需要标记一次）。

设 $f(x,y)$ 为 $M \times N$ 个像素的灰度图像，$G(x,y)$ 为高斯滤波器。Canny 算子执行以下步骤。

（1）从图像中滤除噪声。该任务可采用合适的高斯滤波器来执行，其中高斯平滑可以通过卷积 $f_s(x,y) = g(x,y) \otimes f(x,y)$ 来实现。对于该算子，需要预先给定一些参数，如标准偏差 σ。模板的宽度必须谨慎选择，因为它与定位误差成正比。由于高斯平滑消除了距离当前像素超过 3（$2\sqrt{2}\sigma$）的点的影响，对于固定值 σ，模板尺寸必须为 $6\sqrt{2}\sigma$。

（2）通过沿 x（列）和 y（行）方向的 Sobel 模板来计算 f 的梯度。边缘强度通过图像的梯度来确定。

（3）使用 x 方向和 y 方向的梯度寻找边缘方向。我们为每个像素 (x,y) 计算梯度强度 $m(x,y)$ 和梯度方向 $\alpha(x,y)$，其中矩阵 $\boldsymbol{m}$ 和 $\boldsymbol{\alpha}$ 与图像 $f(x,y)$ 大小相同。采用非极大值抑制算法，沿边缘方向抑制不被视作边缘点的像素值。也就是说，对于每个像素 (x,y)，我们考虑其梯度方向 $\alpha(x,y)$，并检查 $m(x,y)$ 在该方向上是否具有局部最大值。通常只考虑少数几个方向。例如，可使用以像素 (x,y) 为中心的 (3×3) 窗口的 4 个方向（$0°$，$90°$，$45°$，$-45°$）产生初始边缘图 $S(x,y)$。

（4）使用双阈值来消除伪边缘。选择两个阈值 $t_1 < t_2$，比值为 2 或 3。如果点 (x,y) 的梯度大小 $m(x,y)$ 大于 t_2，则该点定义为边缘像素。如果点 (x,y) 的梯度大小 $m(x,y)$ 小于

t_2，且该点与标记为边缘点的点相连，则将 $m(x, y)$ 与 t_1 进行比较。如果 $m(x, y) > t_1$，则将点 (x, y) 定义为一个边缘点。所有其他点均不标记为边缘点。

　　本书提供了一个实现 Canny 算法的 ImageJ 插件[4]。应用例子如图 2.13 所示。从中可以观察到，Canny 算子参数的适当选取可产生极薄的边缘。

（a）原始图像

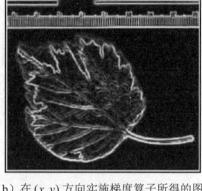

（b）在 (x, y) 方向实施梯度算子所得的图像

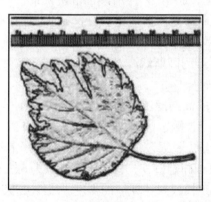

（c）对图像（b）的亮度进行阈值化所得的图像

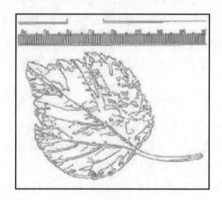

（d）对图像（a）实施 Canny 算子所得的图像
（ $\sigma = 1$ ， $t_1 = 2.5$ ， $t_2 = 7.5$ ）

图 2.13　Canny 算法应用示例

2.4.2　基于优化的算子

　　在前面的章节中，我们已经看到边缘检测通常包括两个阶段。第一个阶段是边缘增强过程，需要利用梯度算子或拉普拉斯算子计算图像的导数，接着采用阈值化方法或零交叉点方法生成一个边缘图，该边缘图包含预标记为边缘点的候选像素。在第二阶段中，

通过诸如边界检测、边缘连接和局部边缘分组等过程，选取边缘图中的像素并将其组合成轮廓[11, 13]。

最后阶段可以看作寻找较逼近边缘的像素的最佳配置。更精确地说，考虑图像 $F = \{f(x, y); 0 \leqslant x \leqslant M-1, 0 \leqslant y \leqslant N-1\}$，其 边 缘 配 置 为 $S = \{s(x, y); 0 \leqslant x \leqslant M-1, 0 \leqslant y \leqslant N-1\}$，如果 (x, y) 为边缘像素，则 $s(x, y) = 1$，否则 $s(x, y) = 0$。因此，边缘可以认为是图像 F 像素域中的一个可能路径。如果定义函数 $T(S)$ 用于评估边缘 S，则可以通过最小化/最大化函数 $T(S)$ 的优化方法来实现最佳边缘配置的搜索。

换句话说，边缘检测问题可以表示为评价函数依赖于局部边缘结构的优化问题之一。对于 $M \times N$ 图像，由于可能配置的数量非常大，使得最优解的搜索空间非常大，因此，"盲"搜索效率非常低，在优化方法中加入对该问题的几何约束和拓扑约束显得十分必要。在此基础上，现已引入图搜索、松弛法和模拟退火等方法以解决当前问题[9, 10, 12]。

搜索最优边缘可以使用优化技术中的遗传算法[3]。这些算法具有如下特性：适用于不同类型问题的鲁棒性以及固有的体现在实现上的可并行性。当使用遗传算法进行优化时，解被编码为一串基因，以生成代表个体的染色体。个体为一个由 $M \times N$ 位的串表示的边缘配置 S，其中每个位是对图像 F 中边缘像素的存在（或不存在）的一一编码[3]。该方法主要包括两个阶段：评估一个像素为边缘像素的可能性以及利用遗传算法进行边界检测。在该方法中，需提供一个目标函数 T，以用于为每个边缘配置分配一个适应度值。该函数将 S 的代价计算为 S 中每个像素 (x, y) 的代价之和。假设边缘是连续的、薄的、足够长的，边缘在其上的每个像素处均垂直于该点的梯度。基于上述假设，代价函数 T 通过计算 5 个加权因素（分裂度、厚度、局部长度、区域相似度和曲率）的线性组合来计算每个点的偏差。这些因素捕捉了边缘的局部性质，并在以每个像素 (x, y) 为中心的 $(w \times w)$ 窗口中使用配置 S 和基于梯度（振幅和方向）的可能性图 L 进行计算，该窗口中的像素构成了中心像素的邻居。遗传算法从初始种群（即可能解集合）开始，使用繁殖、交配和变异操作，迭代产生新一代的个体（即潜在解）。由于此问题是目标函数 $T(S)$ 的最小化，因此种群中每个个体 S 须依照函数 $T(S)$ 倒数的比例进行繁殖。若在连续两代之间，目标函数 T 的均值没有变化（在给定误差范围内），迭代优化过程结束。

参 考 文 献

[1] Bhardwaja, S., Mittalb, A.: A survey on various edge detector techniques. Procedia Technol. 4, 220–226 (2012)

[2] Canny, J.F.: A computational approach to edge detection. IEEE Trans. PAMI 8(6),

679–698 (1986)

[3] Caponetti, L., Abbattista, N., Carapella, G.: A genetic approach to edge detection. In: Proceedings of the IEEE International Conference on Image Processing, 1994. ICIP-94, pp. 318–322. IEEE, New York (1994)

[4] Gibara, T.: Canny edge detector. ImageJ plugin available at: http://rsbweb.nih.gov/ij/plugins/canny/index.html

[5] Gibara,T.: Color histogram. ImageJ plugin available at: http://rsb.info.nih.gov/ij/plugins/colorhistogram.html

[6] Huang, S.C., Cheng, F.C., Chiu, Y.S.: Efficient contrast enhancement using adaptive gamma correction with weighting distribution. IEEE Trans. Image Process. 22(3), 1032–1041 (2013)

[7] Lieng, E.: 2D Gaussian filter. Java plugin available at: https://imagej.nih.gov/ij/plugins/gaussian-filter.html

[8] Marr, Y.D., Hildreth, E.: Theory of edge detection. Proc. R. Soc. Lond. B: Biol. Sci. 207(1167), 187–217 (1980)

[9] Martelli, A.: An application of heuristic search methods to edge and contour detection. Commun. ACM 19(2), 73–83 (1976)

[10] Mumford, D., Shah, J.: Boundary detection by minimizing functionals. In: Proceedings of the IEEE Computer Vision Pattern Recognition (San Francisco), pp. 22–26 (1985)

[11] Rosenfeld, A., Kak, A.C.: Digital Picture Processing. Academic Press, Cambridge (1982)

[12] Tan, H.L., Gelfand, S.B., Delp, E.J.: A cost minimization approach to edge detection using simulated annealing. IEEE Trans. PAMI 14(1), 3–18 (1991)

[13] Torre, V., Poggio, T.A.: On edge delection. IEEE Trans. PAMI 8(2), 147–163 (1986)

第3章　模糊逻辑基础

所有可信事物中，怀疑是最可信的。

——贝托尔特·布莱希特

摘要： 本章将介绍模糊逻辑的若干基础知识，主要介绍贯穿后续章节的必要符号。本章介绍了模糊集理论、模糊系统的基础概念，如模糊化、模糊规则库和推理机、去模糊化和模糊模型等。

3.1　引　　言

模糊逻辑为解决问题提供了一个介于具有不精确特性的传统逻辑和固有不精确特性的真实世界之间的工具[31]。在过去的若干年里，一些基于模糊逻辑的方法已被引入具有模糊性和歧义性特征的图像数据的处理中，相关模糊性和歧义性产生于采集阶段；亦被引入具有不精确、不明确特性的图像内容的处理中。呈现在图像中像素上的不精确性可以使用模糊逻辑的基本要素——模糊集来处理[32]。像"好的对比度""清晰的边界""淡红色""高饱和度"等相关模糊概念可以经由人类推理以定性地感知，并进一步借助模糊逻辑技术以形式表达。这使得机器模拟人类推理得以实现。

3.2　模糊集理论

模糊集理论由 Zadeh 定义[31]，是一种将自然语言中的抽象概念翻译为可计算实体的数学工具，这样的实体称作模糊集。模糊集表示对象的模糊描述或者属性，即高、小、冷、亮等。模糊集理论提供了一种处理不精确、模糊信息的方法，以模仿人类所特有的推理和感知。模糊逻辑涉及部分为真的概念，真值的取值范围为从最小值 0（完全错误）到最大值 1（完全真实）。模糊集 A 可定义为一个集合，这个集合的成员函数 μ_A 的取值范围为 $[0,1]$。$\mu_A(x)=0$ 和 $\mu_A(x)=1$ 分别表示元素 x 不是集合 A 的成员以及 x 是集合 A 的完全成员，而若 $\mu_A(x)$ 介于 0 和 1 之间，则表示元素 x 为集合 A 的部分成员。在数学上，一个模糊集 A 可经由定义在域 X 上的隶属度函数来定义，此域称为论域，隶属度函数形式如下：

$$\mu_A : X \to [0,1]$$

其中，A 是描述变量 x 的模糊标签或语言（值）项。作为布尔逻辑的扩展，μ_A 表示元素 x 属于模糊集 A 的隶属度等级，模糊集可用于定义模糊变量的值。

以变量"温度"（temperature）为例，它可由多种不同的形容词（语言术语）来描述，其中每个词均对应着一个模糊集。图 3.1 展示了该变量的一个典型论域分割（0～40℃）并定义了冷、暖和热 3 个模糊集。在这里，温度 15℃在冷、暖相对应的模糊集中的隶属度均为 0.5，即 cold(15℃)=warm(15℃)=0.5。模糊变量的优势在于，它使得属性间的渐变过渡不再困难，因此具备了表达和处理不确定性因素的自然能力。

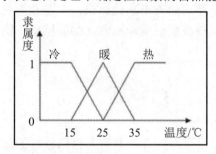

图 3.1　变量 temperature 的模糊集例子

直观地，语言的属性决定了其模糊集的定义不是唯一的，而是上下文极度相关的，亦是面向用户的。一旦基于上下文具体语境指定了隶属度函数 $\mu_A(x)$，便可精确定义模糊标签 A。因此，可以认为模糊集精确度量了语言的固有模糊性。模糊集的属性深刻影响着模糊系统的建模能力，起着至关重要的作用，并且对于一个通俗易懂的模型而言，这些集合应当能够合理地表示相关项以描述输入和输出变量。一般而言，模糊集的形状由系统设计者来决定。然而，在大多数情况下，模糊集捕捉语义的能力相对于形状的变化并不太敏感。因此，最为便捷的做法是使用简单的隶属度函数。最为常见的隶属度函数有三角形、梯形和高斯形函数，如图 3.2 所示。正因为如此，模糊集成为一种强大的方法，不仅能够处理不完整、带有噪声或不精确的数据，还能开发数据模型，提供比传统建模技术更智能、更流畅的性能。

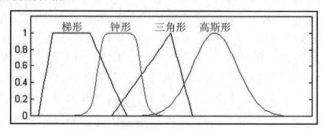

图 3.2　隶属度函数的主要类型

　　模糊系统之所以流行和实用，首先在于它们能够使用语言规则来表达复杂的关系。因此，模糊系统具有良好的性能以描述给定的输入-输出映射。其次需要着重考虑的重要性质与函数逼近相关：模糊系统已被证明为一种通用的逼近器[6, 7, 30]，即与前馈神经网络一样，它们能够在闭集和有界集（紧集）上将连续函数一致地逼近到任何精度。此外，与其他通用逼近器（如神经网络）相比，模糊系统特别适合以自然的、系统化的方式合并语言信息。从 Zadeh 发表开创性的论文以来[31]，模糊系统已被成功地应用于多种模型的构建，以解释各种相关复杂过程，例如在生物学、化学、材料科学或者经济领域，并日益发展成为各种工业应用。

3.3　模糊规则系统

　　模糊系统的运作基于一个特定的推理过程，其中所涉及的变量采用模糊集建模。

　　利用模糊集，模糊系统可以采用以自然语言表达的 IF-THEN 规则来表示现实世界问题的不精确表征。规则的集合称为知识库，经由适当的推理过程，可用于描述待逼近的 I/O 映射。因此，一个模糊系统也称为模糊规则系统，通过一组模糊规则（这些规则为人类可理解的语句）的推理来逼近一个未知的 I/O 映射，例如以下模糊规则。

　　　　R1：　IF 温度为冷 THEN 设置加热器的输出为高

　　　　R2：　IF 温度为暖 THEN 设置加热器的输出为 0

　　上述规则描述了室温与加热器的期望输出值之间的典型关系。这些规则使用"冷""暖"等语言学术语描述了在输入变量"温度"上定义的模糊概念。这些模糊的概念被建模为模糊集。

　　Mamdani 和 Assillan 所描述的模糊系统的基本结构如图 3.3 所示[19]。模糊系统在输入端处理"干脆"的数据，在输出端通过模糊规则库推理生成"干脆"的数据，其中的模糊规则库表示系统的知识库。因此，在系统的前端需要使用模糊器将"干脆"的数据转换为模糊集，在输出端需要使用去模糊器将模糊集转换为"干脆"的值。

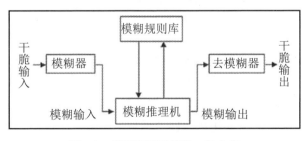

图 3.3　模糊推理系统的一般方案

　　模糊推理机根据近似推理理论，将规则库中的规则组合起来，从而产生一个从输入空间中的模糊集到输出空间中的模糊集的映射。因此，模糊系统提供了一种计算方案，以描述如何计算并组合使用规则，对所给的"干脆"输入值计算出其相应的"干脆"输出值（向量）。因此，可以简单地将模糊系统看作一个将实向量映射到实向量的参数化的函数。

　　根据模糊规则形式的不同，可以采用不同的模型来定义一个模糊规则系统。在 Mamdani 型模糊系统中，每个规则的结果均为一个模糊集，该模糊集定义了一个语言变量。规则的推理遵循假言推理模型（推广至模糊集上）。也就是说，给定一个输入值，规则推理基于输入值触发规则前件，得到相应的隶属度，继而根据所触发的强度确定规则的推理结果模糊集。THEN 算子也称为蕴涵算子，给出了该规则的输出模糊集。

　　在规则的前件中使用模糊集，可以同时触发多个模糊规则。例如，在图 3.1 定义的模糊集中，输入温度 13℃ 同时触发了规则 R1 和 R2，因此通过将规则 R1、R2 推理所得模糊集合并以计算加热器的输出命令。通常，为了执行聚合规则，即若要合并单个规则所提供的部分结果，使用最大算子 MAX 或求和算子 SUM。

　　然而，对于大多数控制应用程序来说，它们需要"干脆"的值作为输出结果，所以对于输出变量而言，模糊集形式的定性信息并不适合。因此，这里就需要一个去模糊化阶段以从模糊集获得一个"干脆"数值形式的输出值。现有若干去模糊化方法，其中一些方法基于结果的质心，还有一些方法则基于隶属度函数所能给出的最大值。

3.3.1　模糊化

　　模糊化是将"干脆"的输入转换为定义在输入空间上的模糊集的过程。通常，执行此过程的系统组件称为模糊器（fuzzifier）。在该步骤中，每个输入变量均需给定一个模糊化函数，以表示相关联的测度的不确定值。模糊化函数可将输入变量（每个变量用实数表示）的测度值解释为对相应实数的更为真实的模糊逼近。模糊模型对输入的不确定性进行建模，从而平滑了系统响应，使其对特定的输入值以及输入的不确定性（如噪声）不那么敏感。

　　在许多情况下，输入变量并没有被模糊化。也即应用了单点集模糊化（singleton fuzzification），这里假定"干脆"的输入不含噪声，因而在推理过程中可直接使用输入变量的测度值。单点集模糊化将一个"干脆"的输入值 x_0 映射到一个模糊单点集，即其支撑退化为 x_0 的模糊集。由于系统输出的计算得以简化，因此这种模糊化方法仅需较低的计算成本。然而，单点集模糊化可能并不总是足够用的，特别是在输入数据被噪声破坏的情况下。考虑到数据的不确定性，非单点集模糊化是必要的。在这种情况下，模糊化函数具有如下形式：

$$f_e : [-a, a] \to X$$

其中，X 表示所有模糊集的集合，$f_e(x_0)$ 表示测度值 x_0 的模糊逼近。

3.3.2　模糊规则库以及推理机

对于一个具有 n 个输入和 1 个输出的模糊系统而言，规则库由一个包含 K 个模糊规则的集合组成，定义形式如下：

$$R_K : \text{IF } (x_1 \text{ is } A_{1k}) \text{ AND } \cdots \text{ AND } (x_n \text{ is } A_{nk}) \text{ THEN } (y \text{ is } B_k) \tag{3.1}$$

其中，$k = 1, \cdots, K$；$A_{ik}, i = 1, \cdots, n$ 为定义在输入变量上的模糊集；B_k 为定义在输出变量上的模糊集。规则前件可以看作多维模糊集 A_k，它是单变量模糊集 $A_{ik}, i = 1, \cdots, n$ 的交集。因此，式（3.1）中模糊规则的基本形式也可以写成：

$$R_K : \text{IF } (x \text{ is } A_k) \text{ THEN } (y \text{ is } B_k) \tag{3.2}$$

使用模糊蕴含算子，每个规则将作为前件的模糊集 A_k 映射到呈现为后件的模糊集 B_k。每个规则 R_k 均可被看作一个模糊蕴涵 $A_k \to B_k$，其为一个连续的多元隶属度函数：

$$\mu_{R_K}(x, y) = \mu_{A_k \to B_k}(x, y) = \tau(\mu_{A_k}(x), \mu_{B_k}(y))$$

其中，τ 是一个 T-模算子。

给定模糊化输入 $A_0 = (A_{10}, \cdots, A_{n0})$，推理机使用模糊规则库，通过推理规则的组合，推导出模糊输出 B_0。组合所得规则可以局部地应用在每个规则 R_K 上，聚合由此产生的模糊集以提供所推理的模糊集。具体来说，推理机首先基于 A_0（模糊化输入）和每一个规则 R_k，产生中间结果 $B_{k0} = A_0 \circ R_k$，其中模糊集 B_{k0} 具有如下隶属度函数：

$$\mu_{B_{k0}}(y) = \sup_x [\tau(\mu_{A_0}(x), \mu_{R_k}(x, y))]$$

然后，对所有单个模糊输出求并，将其作为推理所得的模糊输出，即 $B_0 = \bigcup_{k=1}^{K} B_{k0}$，其中 K 为规则库中模糊规则的数量。

3.3.3　去模糊化

通常，模糊规则系统的输出需要一个"干脆"的值，这是许多工程问题（如模糊控制应用）的基本要求。在这些情况下，需要一个去模糊化阶段以实现从推理规则所产生的模糊输出中获得一个"干脆"的输出结果。

该阶段由去模糊器（Defuzzifier）执行，它将输出模糊集映射到输出空间中一个"干脆"的单点，现有许多不同的去模糊化技术[4, 14, 15, 29]。最为成功的是重心法或区域中心法，在这里，通用输出变量 y 的"干脆"值可按如下公式求得：

$$y_0 = \frac{\int_y \mu_{B_0}(y) y \, dy}{\int_y \mu_{B_0}(y) \, dy}$$

通常，为了降低计算成本，使用上述公式的离散表示：

$$y_0 = \frac{\sum\limits_{q=1}^{N_q} \mu_{B_0}(y_q) y_q}{\sum\limits_{q=1}^{N_q} \mu_{B_0}(y_q)}$$

其中，N_q 为论域 Y 的离散化的步数。此外，还有若干计算简化的去模糊化方法，它们将规则聚合和去模糊化合并到一个阶段。方法之一为加权平均法，它使用如下公式计算去模糊化后的输出：

$$y_0 = \frac{\sum\limits_{k=1}^{K} \mu_k(x_0) b_k}{\sum\limits_{k=1}^{K} \mu_k(x_0)} \tag{3.3}$$

其中，K 为规则的数量，$\mu_k(x_0)$ 为第 k 个规则的激活度，b_k 为与第 k 个规则的结果值 B_k 相关的数值。

3.4　模　糊　模　型

根据模糊规则中后件命题的特殊形式，可以将模糊模型区分为两类，它们能够使用户回想起模糊建模的两个不同的目标：可读性和性能[1, 2]。

1. Mamdani 模糊模型

模糊模型的第一个设想，也是迄今为止最具创新性的设想，是假设通过一系列 IF-THEN 规则来表示输入-输出映射，这些规则的前件和后件均使用模糊值。这是式（3.2）给出的模糊规则的基本形式。在后件部分使用模糊集，使得这些模型极为直观、易懂。这类模糊模型采用模糊推理并构成定性建模的基础[24]，这里的定性建模采用自然语言描述输入-输出映射[27]。Mamdani 模型就属于这一类[18]。从这一视角来看，建模所追求的是模糊逻辑的终极目标，即"词计算"的重点在模型的可读性上，而不是计算成本和模型的准确性（即近似、分类或控制的质量）。然而，这一类模糊模型具有复杂化倾向，需要的参数过多，因而在运行、维护和调优它们时，可能会变得很困难。

2. Takagi-Sugeno 模糊模型

第二类模糊模型基于 Takagi-Sugeno-Kang（TSK）方法[28]。这类模型采用具有模糊前件及函数后件的模糊规则，故可被定义为混合模糊模型或非模糊模型。这类模型可以通过若干线性模型的组合来表示常规的静态映射或动态非线性映射。整个输入空间被分解为多个模糊空间（部分），每个输出空间用线性方程表示，由此所得到的模型称为 TS 模型，并由一系列形式如下的模糊规则来表示：

$$R_K : \text{IF } (x \text{ is } A_k) \text{ THEN } (y = h_k(x)) \tag{3.4}$$

其中，$h_k(x)$ 为与输入相关的多项式函数，表示一个局部模型，用于逼近系统在输入空间中由前件 A_k 表示的区域内的响应。这一类模型的知识表达不允许使用语言项来描述输出变量，此为该类方法的缺点之一。因此，当仅将精度（而不是可解释性）作为预测建模的最终目标时，可使用这类模糊模型。

上述模糊模型均存在其固有的缺陷。对于 Mamdani 模糊模型，去模糊化过程可能比较耗时，并且参数的系统性微调也不容易。对于 TS 模糊模型，由于规则的后件部分不使用模糊值，因此很难给规则的后件部分指定合适的语言项。因此，在基于规则的模糊系统中，可读性和性能目标呈现为一种对立。通过使用具有如下形式的简化模糊规则，可以找到某种形式上的折中：

$$R_K : \text{IF } (x \text{ is } A_k) \text{ THEN } (y \text{ is } b_k) \tag{3.5}$$

其中，b_k 为模糊单点集，即将模糊集简化为单个元素。依赖于这些规则的模糊模型被称为单点集模糊模型。这类模糊模型可以使用所有其他类型的模糊推理机制，因为它们代表了上述每种模糊模型的特殊情况。更具体地说，简化模糊规则的后件部分既可以被视为 Mamdani 模型中的单点模糊集，也可以被视为 TS 模型中的输出函数常量。因此，经由该简化模糊模型，上述两个模糊模型得到了统一。

3.4.1　模糊规则系统的设计

使用模糊规则系统的主要优点是使得使用语言可解释的 IF-THEN 规则来表达人类知识成为可能。尽管尚未存在标准技术以实现将人类的知识转换成一组模糊规则和隶属度函数，但通常会执行 3 个基本步骤。第 1 步识别和标记输入变量和输出变量。第 2 步指定取值范围，并为每个输入和输出定义其相应的模糊划分。第 3 步构建规则库以及确定表征模糊集的隶属度函数。在 5.5 节中，将举例说明如何使用 Java 定义一个模糊规则系统。

在过去的几年里，为通过减少特定的专业知识来简化基于规则的模糊系统的设计而开发了多种工具。目前，有一些相关工具是开源软件，大都基于 Java。一些现有的软件包和库，如 DotFuzzy[3]、FRBS[25]、Funzy[9]、JFuzzinator[23]、lib-FuzzyEngine[16]、nxtfuzzylogic[22]能够使具有特定目的的模糊系统得以实现。这些特定工具的优点是简单易用，但通常功能有限。例如，它们只包含一个成员函数（通常是梯形）和/或一个去模糊化方法。在通用工具中，JFuzzyLogic[8]（基于 Java 开发）和 FisPRO[10, 11]（基于 C++和Java 开发）均为设计和优化模糊推理系统提供了交互环境。

通常，带有图形界面的工具（如 FisPRO）多包含以下主要组件。

（1）用户工作部分：允许用户访问该工具的主要功能，以介绍与语言和工作目录相关的配置信息。

（2）模糊集编辑器：允许用户定义和设置模糊集的参数，包括输入、输出的定义以及相对应的模糊划分说明。首先，用户可以定义输入和输出变量，并为每个变量定义域名和取值范围。其次，对于每个定义域，用户可以通过关联一个隶属度函数来定义多个模糊集。这里可以定义不同的隶属度函数，包括三角形函数、高斯函数、梯形函数、S-形函数和单点函数。该组件允许用户删除任意的已创建的模糊集。此外，用户还可以选择去模糊化方法。

（3）模糊规则编辑器：通过选择用于每个规则前件中的输入模糊集，以及用于每个规则后件中的模糊集，实现模糊规则定义。用户还可以选择模糊算子以实现规则前件中的 AND 连接符（如最小算子或乘积算子）。此外，还可以定义其他模糊算子，如应用于推理合成规则中的模糊算子（OR，NOT）。使用该组件，用户可以方便地定义所有必要的规则，从而创建模糊系统的知识库。

（4）规则推理机：给定一个模糊输入，该组件应用推理的合成规则获得一个模糊的输出。该组件是模糊规则系统的核心，对用户而言，通常是不可见的。该组件通过应用用户在各种可用的去模糊化方法中选定的去模糊化算子，执行去模糊化步骤。

（5）模糊规则测试：该组件允许用户基于给定的输入向量测试在规则中创建的任何单个规则。

所有这些步骤通常难以手动执行，特别是在为图像处理任务定义一个模糊规则系统时。模糊系统的主要优势在于它们能够以模糊规则的形式为解释和预测提供简单直观的方法。然而，由于自然语言表述的模糊性和主观性，仅基于定性知识的模糊规则只能对非常简单的过程进行充分的建模。此外，对于复杂的、不明确的过程，通常需要花费大量的时间来定义和调试定量定义的语言项的参数。最后，在现实世界中，以语言形式表示的专家知识是不可用的或受限的。这就将模糊系统的应用限制在了专家知识丰富、建模过程的复杂程度有限的领域。

为了克服由于缺乏足够的专家知识而导致的模糊系统固有的局限性，模糊系统需要从实例中学习模糊规则。这里的学习通常是借助神经网络派生的学习技术来实现的[12]，进而促进了模糊-神经建模技术的发展。

3.4.2　模糊-神经模型

模糊-神经建模大大减少了创建模糊规则库的开发时间和成本，同时提高了生成的模糊模型的准确性。如果能够利用神经学习算法，也就意味着可以使用数字信息创建或调试规则库中包含语言信息的模糊系统。与不能使用语言信息并表现为黑盒模型的神经网络相比，该模型的优势更为突出。因此，模糊-神经系统的行为既可以由一组人类可理解的模糊规则表示，也可以由与人工神经元的激活函数相关的局部基函数组合来表示。

模糊逻辑与神经网络的集成促进了若干神经模糊模型的发展，并使之在科学文献中占据稳固的地位[2, 4, 14, 17, 21]。

这里介绍关于模糊-神经网络的一种总体方案[5]。考虑一个具有 n 个输入和 m 个输出的 MIMO（multi-input multi-output，多输入多输出）模糊模型。规则库由一组如下形式的模糊规则组成：

$$R_k : \text{IF } \underbrace{(x_1 \text{ is } A_{1k}) \text{ AND } \cdots \text{ AND } (x_n \text{ is } A_{nk})}_{\text{前件}} \text{THEN} \underbrace{(y_1 \text{ is } B_{1k}) \text{ AND } \cdots \text{ AND } (y_m \text{ is } B_{mk})}_{\text{后件}}$$

其中，A_{ik}，$i=1,\cdots,n$ 和 B_{jk}，$j=1,\cdots,m$ 分别为定义在输入变量和输出变量上的模糊集。一旦以参数形式表示模糊系统的各组成部分，模糊推理系统便成为一个可以通过学习过程进行调参的参数模型。该思想是神经模糊建模的基础，当利用代数算子实现模糊逻辑函数时，首先采用单点集模糊化方法模糊"干脆"的输入，然后采用重心去模糊化方法实施去模糊化过程。Mamdani 模糊系统的输入-输出映射可以由（归一化的）输入模糊隶属度函数的线性组合表示：

$$y = \sum_{k=1}^{K} \left\{ \frac{\mu_{A_k}(x)}{\sum_{h=1}^{K} \mu_{A_h}(x)} \right\} b_k \tag{3.6}$$

其中，K 为规则的数量，b_k 为模糊集 B_k 的中心。此外，在一定的条件下，TS 模糊系统的输出可以看作归一化多元输入隶属度函数的线性组合。事实上，如果 TS 模糊系统使用式（3.3）所示加权平均准则组合局部表示，则一般输入 x 的输出可采用归一化求和方法计算，形式如下：

$$y = \frac{\sum_{k=1}^{K} \mu_k(x) h_k(x)}{\sum_{k=1}^{K} \mu_k(x)} \tag{3.7}$$

模糊-神经集成的基本假设依赖于这样一个事实：从运算级角度而言，模糊推理系统可以看作一个分层结构，类似于多层前馈神经网络。

为了说明模糊系统和神经网络之间的对应关系，在这里考虑基于式（3.5）所示规则的单点集模糊系统，将其扩展为 m 个输出：

IF $(x_1$ is $A_{1k})$ AND $\cdots(x_n$ is $A_{nk})$ THEN $(y_1$ is $b_{1k})$ AND $\cdots(y_m$ is $b_{mk})$

其中，$k = 1, \cdots, K$，K 为模糊规则个数；$A_{ik}, i = 1, \cdots, n$ 为定义在输入变量 x_i 上的模糊集；$b_{jk}, j = 1, \cdots, m$ 为定义在输出变量 y_j 上的模糊单点集。模糊集 A_{ik} 的隶属度函数应谨慎选择，确保其处处可微，此为梯度下降学习技术的一个有用性质。例如，可以使用高斯函数：

$$\mu_{ik}(x_i) = \exp\left[-\frac{(x_i - c_{ik})^2}{2\sigma_{ik}^2} \right] \tag{3.8}$$

其中，c_{ik} 和 σ_{ik} 分别表示高斯函数的中心和宽度。单点集模糊系统的输出值可通过如下形式的规则推理得到：

$$y = \frac{\sum_{k=1}^{K} \mu_k(x) b_k}{\sum_{k=1}^{K} \mu_k(x)} \tag{3.9}$$

该模糊系统可以看作由规则、规则中使用的模糊集和模糊推理操作（交集、聚集、去模糊化等）组成。由于模糊系统在模糊推理操作方面的规范是固定不变的，所以可以通过学习定义的唯一部分就是与规则相关的前件和后件参数。该问题可以精确地表述为：基于数据集 $\mathcal{D}_N$（N 个输入-输出对）确定一个合适的隶属度函数配置，并生成一组 K 个模糊规则，从而使模糊系统尽可能逼近数据所隐含的未知函数。为此，使用具有以下特征的 4 层神经网络以实现模糊系统。

（1）层 1 负责提供"干脆"的输入值 $(x_1, \cdots, x_n)$ 给网络。此层节点不执行任何计算，只接受输入值并将其传递给层 2。

（2）层 2 实现输入变量的模糊化。此层单元被分组成 K 个不同的组，其中 K 表示规则个数。每组与一个模糊规则相关联，且由 n 个单元组成，对应于模糊规则中的模糊集。第 k 组的第 i 单元与层 1 的第 i 个节点相连，根据式（3.8）计算输入 x_i 对模糊集 A_{ik} 的高斯隶属度。

（3）层 3 由 K 个单位组成。第 k 个单元对规则 R_k 执行条件匹配，并通过乘积算子计算相应的达成度。

$$\mu_{A_k}(x) = \prod_{i=1}^{n} \mu_{A_k}(x_i)$$

（4）层 4 提供最终的输出向量 y，其由 m 个单元组成。该层的第 j 个单元根据式（3.9）计算输出值 y_j。特别地，规则的达成度经由模糊单点集 b_k 加权得到，其中的 b_k 可被编码为层 3、层 4 的连接权重。

图 3.4 描述了上述模糊–神经网络的结构。

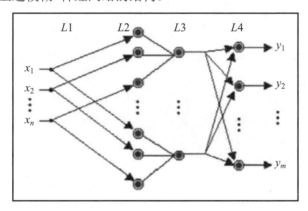

图 3.4　模糊–神经网络的总体方案

一旦模糊规则系统被建模为神经网络，学习算法可以用于学习模糊规则的参数 c_{ik}、σ_{ik} 和 b_k。许多模糊–神经系统采用直接的非线性优化方法来确定模糊系统的所有参数。使用最为广泛的是众所周知的由梯度下降技术实现的反向传播算法的扩展算法[26]。从最为著名的 ANFIS 网络开始[13]，大量的模糊–神经系统均基于类反向传播算法。

模糊–神经模型的优点是双重的。一方面，模型识别既可以使用经验数据，也可以使用定性知识。另一方面，生成的模型是透明的，这对模型验证和知识发现有极大的帮助。

参 考 文 献

[1] Babuska, R.: Fuzzy modeling and Identication. Ph.D. thesis, Technische Universiteit Delft (1996)

[2] Bersini, H., Bontempi, G.: Now comes the time to defuzzify neurofuzzy models. Fuzzy Sets Syst. 90, 161–169 (1997)

[3] Bertoli, M.: DotFuzzy. https://github.com/MicheleBertoli/DotFuzzy

[4] Brown, M., Harris, C.J.: Neurofuzzy Adaptive Modelling and Control. Prentice Hall, Hemel Hempstead (1994)

[5] Castellano, G.: A neurofuzzy methodology for predictive modeling. Ph.D. thesis, University of Bari (2000)

[6] Castro, J.: Fuzzy Logic Controllers are Universal Approximators. IEEE Trans. Syst., Man Cybern. 25(4), 629–635 (1995)

[7] Castro, J., Delgado, M.: Fuzzy systems with defuzzication are universal approximators. IEEE Trans. Syst., Man Cybern. 26, 149–152 (1996)

[8] Cingolani, P., Alcal-Fdez, J.: jFuzzyLogic: a java library to design fuzzy logic controllers according to the standard for fuzzy control programming. Int. J. Comput. Intell. Syst. 6, 6175 (2013)

[9] Funzy.: Having fun with fuzzy logic. https://code.google.com/p/funzy/

[10] Guillaume, S., Charnomordic, B.: Fuzzy inference systems: an integrated modeling environment for collaboration between expert knowledge and data using FisPro. Expert Syst. Appl. 39(10), 8744–8755 (2012)

[11] Guillaume, S., Charnomordic, B., Labl, J-L.: FisPro (Fuzzy inference system professional). https://www7.inra.fr/mia/M/fispro/

[12] Haykin, S.: Neural Networks: A Comprehensive Foundation. MacMillun College Publishing Company, New York (1994)

[13] Jang, J-S.R.: ANFIS: Adaptive-network-based fuzzy inference system. IEEE Trans. Syst., Man Cybern. 23(3), 665–685 (1995)

[14] Jang, J.-S.R., Sun, C.-T.: Neuro-fuzzy modelling and control. Proc. IEEE 83, 378–406 (1995)

[15] Lee, C.C.: Fuzzy logic in control systems: Fuzzy logic controller - part I and II. IEEE Trans. Syst., Man Cybern. 20(2), 404–435 (1990)

[16] LibFuzzyEngine++. http://sourceforge.net/projects/libfuzzyengine/

[17] Lin, C., Lee, C.: Neural Fuzzy Systems: A Neural Fuzzy Synergism to Intelligent Systems. Prentice-Hall, Englewood Cliffs (1996)

[18] Mamdani, E.H.: Advances in the linguistic synthesis of fuzzy controllers. Int. J. Man-Mach. Stud. 8, 669–678 (1976)

[19] Mamdani, E.H.,Assillan, S.: An experiment in linguistic synthesiswith a fuzzy logic

controller.Int. J. Man-Mach. Stud. 7(1), 1–13 (1975)

[20] Mouzouris, G.C., Mendel, M.J.: Dynamic non-singleton fuzzy logic systems for nonlinear modeling. IEEE Trans. Fuzzy Syst. 5(2), 199–208 (1997)

[21] Nauck, D.: Neuro-fuzzy systems: review and prospects. In: Proceedings of the Fifth European Congress on Intelligent Techniques and Soft Computing (EUFIT97), pp. 10441053 (1997)

[22] NXTfuzzylogic. www.openhub.net/p/nxtfuzzylogic

[23] Omran, H.: JFuzzinator. http://sourceforge.net/projects/jfuzzinator/

[24] Pedrycz, W.: Fuzzy Control and Fuzzy Systems. Wiley, New York (1989)

[25] Riza, L.S., Bergmeir, C., Herrera, F., Benitez, J.M.: FRBS - Fuzzy rule-based systems. http://dicits.ugr.es/software/FRBS/

[26] Rumelhart, D.E., Hinton, G.E., Williams, R.J.: Learning representations by back-propagating errors. Nature 323, 533–536 (1986)

[27] Sugeno, M., Yasukawa, T.: A fuzzy-logic-based approach to qualitativemodeling. IEEE Trans. Fuzzy Syst. 1, 7–31 (1993)

[28] Takagi, T., Sugeno, M.: Fuzzy identification of systems and its application to modeling and control. IEEE Trans. Syst., Man Cybern. 15, 116–132 (1985)

[29] Wang, L.: Adaptive Fuzzy Systems and Control. Prentice Hall, Englewood Clis (1994)

[30] Wang, L., Mendel, J.M.: Fuzzy basis functions, universal approximation, and orthogonal least squares. IEEE Trans. Neural Netw. 3(5), 807–814 (1992)

[31] Zadeh, L.A.: Outline of a new approach to the analysis of complex systems and decision processes. IEEE Trans. Syst. Man Cybern. SMC-3 28–44 (1973)

[32] Zimmermann, H.J.: Fuzzy Set Theory and its Applications. Kluwer, Norwell (1992)

第 4 章　模糊图像处理

想象力比知识更重要。

——阿尔伯特·爱因斯坦

摘要：模糊逻辑在图像处理中的应用，使得模糊图像处理领域中的各种技术得到了广泛的发展。模糊图像处理包括所有理解、表示及处理图像、图像片段和/或图像特征为模糊集的方法。本章介绍了模糊图像处理的一些基本概念，包括图像模糊化、图像去模糊化和模糊测度等。本章还给出了如下结论——图像可以被看作一个模糊集列阵，其隶属度函数表示图像像素所满足的某些图像属性的程度。

4.1　引　　言

图像处理领域的难点往往与数据所具有的典型不确定性有关，其歧义性（Ambiguity）和模糊性（Vagueness）具有多样性。典型的模糊通常与低级图像处理中的灰度歧义有关，在图像上多呈现为不精确的边界或较差的颜色对比度。在图像中亦存在其他形式的模糊，如中级图像处理任务中的几何模糊（如分割）和高级图像处理任务中的不精确、不明确知识（如场景分析和图像理解）。以下是一些可以使用模糊方法解决的问题。

❑　　在对比度增强问题中，像素是亮还是暗。

❑　　在图像分割问题中，一个像素是否位于两个区域之间的边缘。

❑　　在场景分析和图像理解问题中，何为人脸。

图像的不精确性可以通过将图像建模为模糊集来处理，然后通过人类推理定性地感知 dark（暗）、high conrast（高对比度）、sharp boundaries（尖锐边界）等模糊概念，并通过模糊逻辑的形式表示出来。此外，在一些图像处理任务中，许多困难是由数据/结果的不确定性所导致的。这种不确定性不仅取决于数据的随机性，还取决于数据的歧义性和模糊性。实际上，随机性可看作概率论相关问题，而歧义性和模糊性则是模糊集理论相关问题。

模糊图像处理任务一般包括 3 个基本步骤[4]。

（1）图像模糊化 Φ。

（2）修改隶属度值 Γ。

（3）图像去模糊化 Ψ。

给定输入 X，所得结果 Y 形式如下：

$$Y = \Psi(\Gamma(\Phi(X)))$$

模糊化和去模糊化步骤是由于我们没有模糊源图像，即任何能够产生模糊图像的硬件设备来驱动的。因此，编码图像数据和解码结果数据是应用模糊技术进行图像处理的必要步骤。模糊图像处理的优势在于可根据具体的应用修改相应的隶属度值。如第 3 章所述，隶属度函数是模糊集理论中的基本概念。隶属度的值表示对象所满足的特定属性的度。根据以非精确方式定义的属性，模糊隶属度函数可以用于表示属于同一个集合的对象之间的相似性。隶属度的值亦可表示一个集合的模糊程度。隶属度值的计算是模糊图像处理的基础。传统的图像数据，通过指定每个像素的灰度值，在灰度平面中处理。模糊图像处理的目的是通过图像模糊化将灰度平面映射到隶属度平面上。这样，就有可能在接近人类推理和感知的水平上进行操作。本部分的应用程序中将提供与之相关的若干例子。

在模糊图像处理领域中，最重要的理论贡献包括如下几个方面。

❑　模糊推理系统，包括图像模糊化、推理和图像去模糊化 3 个步骤。

❑　模糊化测度，用于评估图像的模糊化程度。这些测度在许多应用中非常有用（如阈值化处理）。

❑　模糊规则系统，常用于图像对比度增强。

❑　广泛应用于图像分割的模糊聚类。

❑　模糊数学形态学。

本章还将讨论模糊图像处理领域中更为一般的贡献，即模糊推理系统和模糊化测度。而其他部分，如模糊规则系统、模糊聚类和模糊数学形态学，将在本书的第 2 部分讨论。

4.2　图像模糊化

通常，我们通过一组不修改像素值的模糊单点集来建模图像。为了说明如何基于图像引入模糊集，这里给出一个简单的例子：我们预定义一个属性为"黑"的灰度级集合 Dark。以常规方式（也称为"干脆"的）定义一个阈值 t，如 $t = 100$，然后可以使用以下定义：

❑　满足 $0 \leqslant g \leqslant 100$ 的元素属于集合 Dark。

❑　所有其他元素不属于集合 Dark。

另一种方法是通过引入一个由合适的隶属度函数所定义的模糊集来建模属性"黑"（Dark）。为此，我们定义两个参数 50、150[①]，如图 4.1 所示。

❑ 满足 $g \leqslant 50$ 的元素完全属于集合 Dark。

❑ 满足 $g \geqslant 150$ 的元素不属于集合 Dark。

❑ 满足 $50 < g < 150$ 的元素以某种程度值属于该集合。

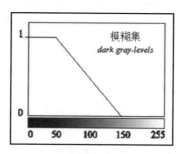

图 4.1　模糊集 dark gray-levels 的一个定义

（图片来自参考文献[2]）

另一个例子如图 4.2 所示，其中 3 个模糊集（即低、中、高）与输入图像相关，用于描述在某些对比度增强问题中较为有用的特性——Brightness（亮度）（参见第 6 章）。

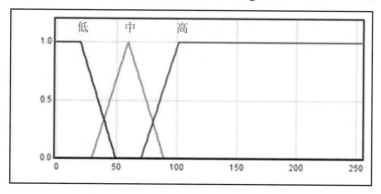

图 4.2　模糊集——低、中、高

下面考虑具有 $M \times N$ 个像素、L 个灰度级的图像 G。为了以模糊方式解释 G，假设 G 关联模糊单点集列阵 F，其隶属度的值为 $\mu(G(m,n))$，即 $\mu_{mn} = \mu(G(m,n))$ 表示每个像素 (m,n) 关于所预先定义的属性（如亮度、边缘或纹理）的隶属度，也即像素 (m,n) 满足该属性的度。因而，图像 G 可以定义如下：

[①] 原著有误，原为"100"，已与作者确认。——译者注

$$G = \bigcup_m \bigcup_n \mu_{mn}$$

其中，$\mu_{mn} \in [0, 1]$。μ 所关联的属性取决于当前所需解决的问题，可以使用全局信息、局部信息或精确信息来定义。

在其他情况下，例如图像形态学中，图像的灰度级常被适当地缩放到实区间 [0.0, 1.0]。在这种情况下，我们变换像素值以获得一个称为模糊图像的实值图像。这样，我们就可以把像素的灰度级看作代表某一特定属性的高值像素集合的隶属度。由此，灰度图像可以建模为模糊集。

模糊图像处理方法与其他图像处理方法的不同之处在于，直方图、灰度和特征等输入数据均是在所谓的隶属度平面上处理的。在该平面中，模糊逻辑相关方法可以用于修改隶属度值以对数据进行分类，或者通过模糊推理过程进行决策。

为了将原始图像转换为所谓的模糊图像，一个合适的隶属度函数（亦称为模糊器）是必需的。在图像上使用隶属度函数会修改像素值，因而模糊器可用于多种图像预处理（如对比度修正）。现有多种不同的隶属度函数可供选择，如 N-形函数、S-形函数和钟形函数。如果不需要修正对比度，最为便捷的选择是采用 N-形函数，它实质上进行了归一化过程，优点是简单，即将图像强度值缩放至区间 [0, 1]。N-形函数是一个带裁剪的线性变换，它源于式（2.3），实现区间 [a, b] 到 [0, 1] 的变换，定义如下：

$$N(x) = \begin{cases} \dfrac{(x-a)}{(b-a)} = \dfrac{(x-b+w)}{w} = 1 - \dfrac{(b-x)}{w}, & b-w \leqslant x \leqslant b \\ 1, & x > b \\ 0, & x < b-w \end{cases} \qquad (4.1)$$

其中，b 为图像的最大强度值，$w = b - a$ 为取值范围的带宽。

图像处理中常用的其他模糊器有单 S-形函数和双 S-形对称函数。一般采用单 S-形函数来选择灰度范围，而使用双 S-形对称函数[①]可以增强高灰度范围。它们均对应于对比度增强器。S-形函数定义如下：

$$S(x) = 1 / \left(1 + \exp^{-\gamma(x-c)}\right) \qquad (4.2)$$

其中，参数 c 表示函数的拐点横坐标，参数 γ 控制对比度（值大于 5 时可实现对比度的增强）。图 4.3 为 S-形函数图，它通过使用代码清单 2.3 所列出的插件实现。应用 S-形函数，令 $c = 0.5$，设置不同的 γ 值，可以得到不同的对比度增强结果。

[①] 原著有误，原为"S-形函数"，已与作者确认。——译者注

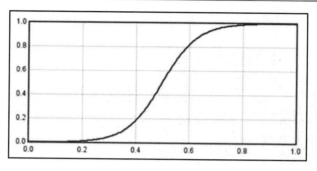

图 4.3 S-形函数图

图 4.4 展示了一些使用不同隶属度函数进行对比度修正的例子。其中，图 4.4（a）为原始图像及其直方图；图 4.4（b）为使用 N-形函数所得图像及其直方图；图 4.4（c）为将图 4.3 所示的 S-形函数应用于每个 RGB 通道所得图像及其直方图；图 4.4（d）为仅对 HSB 空间中的亮度分量使用 S-形函数所得图像及其直方图。

（a）

（b）

图 4.4 使用不同隶属度函数进行对比度修正的例子

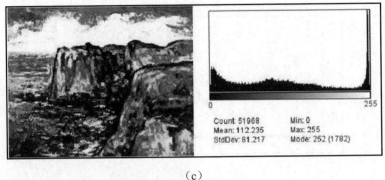

（c）

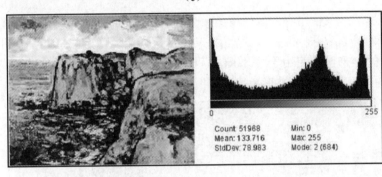

（d）

图 4.4　使用不同隶属度函数进行对比度修正的例子（续）

4.3　图像去模糊化

　　模糊是图像的一种固有特征，亦是许多图像处理任务的自然结果。然而，在许多情况下，一个"干脆"的表达是必需的。通常一个"干脆"的表达可方便可视化和解释。尽管包含较少的信息，但"干脆"的表达通常更容易解释和理解，特别是当图像的空间维度大于 2 时。此外，许多用于二值图像分析的工具尚未针对模糊图像进行开发，这可能会促进模糊图像处理的进一步发展，使其输出"干脆"的图像表达。模糊表达替换为"干脆"表达的过程称为去模糊化。

　　去模糊化是一个将模糊集映射到"干脆"集的过程，即去模糊化的目标是针对所给模糊集生成一个好的"干脆"表达，或者恢复一个"干脆"的原始集。从应用的角度来看，以下特征对于去模糊化非常重要。

　　❑　去模糊化结果的连续性：这意味着输出模糊集的隶属度值的微小变化不应该引

发所产生"干脆"集的巨大变化。

❑　计算效率：主要取决于获得去模糊化结果所需的操作种类和数量。

❑　与模糊系统中使用的其他操作（如推理和组合）的兼容性。

大多数提到去模糊化的文献均将模糊集的去模糊化视为一个单一的（"干脆"的）点（见 3.3.3 节）。以下为去模糊化的一些主要方法[4, 6]。

❑　最大值法：提供了一个来自模糊集核的元素①。从模糊集的核中选择一个元素的主要优点是简单。基本代表是最大优先（First-of-Maxima，FOM）技术。

❑　分布法：将输出模糊集的隶属度函数看作一个分布并求其平均值。这些方法的输出随输入值的变化而连续且平稳地变化。基本技术是重心（Center-of Gravity，COG）技术。它将隶属度函数转换为概率分布并计算期望值，其主要优点是连续性。

❑　面积法：使用隶属度函数所包围的面积来确定去模糊化的输出值。去模糊化结果值将隶属度函数所包围的面积划分为两个（也可能多于或少于两个）相等的部分（即为面积中心）。主要技术为面积中心（Center-of-Area，COA）法。

在图像处理应用中，模糊集到"干脆"集的去模糊化目前还没有得到很好的研究。最常用的去模糊化方法是通过选择特定的 α 值以实现隶属度函数的阈值化。当然，通过阈值化处理所得的去模糊化结果对阈值 α 的具体选择非常敏感。此外，经由阈值化处理的去模糊化过程没有考虑模糊集的空间特性，也没有保留原始对象的几何、形状和拓扑结构。由于空间属性在图像处理应用中具有重要的意义，因此除考虑模糊集的隶属度外，通常还需要考虑预实施去模糊化的对象的全局几何属性信息。此外，空间模糊集可用于图像中对象的表达，因为该表达是保留信息的。空间模糊集的去模糊化可以看作一个"干脆"的分割过程。

一种基于特征距离最小化的模糊空间图像去模糊化方法是将最优去模糊化定义为最能保留（被选择的）原对象特征的去模糊化方法[7]。模糊集与"干脆"集之间的对应关系是通过两者之间的距离建立起来的，两类集合的表达基于选定的特征以及图像的不同分辨率。这里采用集合的特征表达之间的闵可夫斯基距离来确定度量距离。距离最小化具有保留模糊集中所选的量化特征属性。该方法利用模糊表达所包含的信息定义从模糊集集合到"干脆"集集合的映射。若将模糊集看作对未知的"干脆"原始集的一种表达，以使得从原始集中所选择的特征在模糊表达中得以保留，那么去模糊化后的集合可以看作"干脆"原始集的近似重构。

---

① 模糊集核（称为核）由论域中属于该集合的隶属度最高的元素组成。——原著作者注

4.4　模糊性测度

如果将图像看作一个模糊集，那么有必要引入一些测度来表示图像的模糊程度。这些测度被称为模糊指标。现存若干类型的模糊指标，最常见的介绍如下。

1．线性指标

使用以下公式计算隶属度值及其补之间的差以得到模糊性[3]：

$$\gamma_l = \frac{2}{MN} \sum_m \sum_n \min(\mu_{mn}, 1 - \mu_{mn}) \qquad (4.3)$$

或者

$$\gamma_l = \frac{2}{MN} \sum_{g=0}^{L-1} h(g) \min(\mu_g, 1 - \mu_g) \qquad (4.4)$$

其中，$h(g)$ 为图像直方图，$g = G(m, n)$，$\mu_g = \mu_{mn} = \mu(G(m, n))$。根据此线性模糊指标，图像的模糊程度与 γ_l 的升降相关。

2．二次型指标

二次型指标定义为：

$$\gamma_q = \frac{2}{\sqrt{MN}} \left\{ \sum_m \sum_n [\min(\mu_{mn}, 1 - \mu_{mn})]^2 \right\}^{\frac{1}{2}} \qquad (4.5)$$

或者

$$\gamma_q = \frac{2}{\sqrt{MN}} \left\{ \sum_{g=0}^{L-1} h(g) [\min(\mu_g, 1 - \mu_g)]^2 \right\}^{\frac{1}{2}} \qquad (4.6)$$

如果所有隶属度值均为 0.0 或 1.0（普通集合——二值图像），则模糊值为 0。若所有隶属度值均为 0.5，模糊值最大。

3．对数模糊熵

香农函数 $S(\mu_{mn})$ 是一种基于香农熵定义的对数函数[1]。香农函数 $S(\mu_{mn})$ 在区间 [0.0, 0.5] 单调递增，在区间 [0.5, 1.0] 单调递减。当对所有 (m, n) 均有 $\mu_{mn} = 0.5$ 时，模糊性的熵值达到最大。

$$E(X) = \frac{1}{MN \ln 2} \sum_m \sum_n S(\mu_{mn})$$

$$S(\mu_{mn}) = -\mu_{mn}\ln(\mu_{mn}) - (1-\mu_{mn})\ln(1-\mu_{mn})$$

其中，$m = 0, 1, \ldots, M-1$ 且 $n = 0, 1, \ldots, N-1$。测度 $E(X)$ 满足以下特性。

（1）$0.0 \leqslant E(X) \leqslant 1.0$。

（2）对于任意 (m,n)，如果 $\mu_{mn} = 0.0$ 或 $\mu_{mn} = 1.0$，则 $E(X) = 0.0$。

（3）对于任意 (m,n)，如果 $\mu_{mn} = 0.5$，则 $E(X) = 1.0$。

（4）如果 X 比 X' 更"干脆"，则 $E(X) \leqslant E(X')$。

（5）$E(X) = E(\overline{X})$，其中 $\overline{X}$ 是 X 的补。

4．r-阶模糊熵[5]

r-阶模糊熵定义如下：

$$H^r(X)(-1/k)\sum_{i=1}^{k}\Big[\mu(s_i^r)\log(\mu(s_i^r)) + (1-\mu(s_i^r))\log(1-\mu(s_i^r))\Big] \tag{4.7}$$

其中，s_i^r 表示 X 中包含 r 个像素的第 i 个序列（组合），k 是序列个数，$\mu(s_i^r)$ 表示组合 s_i^r 作为一个整体满足某种特定性质 μ 的度。

5．混合熵[5]

混合熵定义如下：

$$H_{hy}(X) = -P_w \log E_w - P_b \log E_b$$

其中，μ_{mn} 表示像素 (m, n) 的白度；P_w 和 P_b 分别表示白像素 $\mu_{mn} = 1.0$ 和黑像素 $\mu_{mn} = 0.0$ 发生的概率；E_w 和 E_b 分别表示将像素解释为白色或黑色的平均可能性，即：

$$E_w = \frac{1}{MN}\sum_m\sum_n\big[\mu_{mn}\exp(1-\mu_{mn})\big]$$

$$E_b = \frac{1}{MN}\sum_m\sum_n\big[(1-\mu_{mn})\exp(\mu_{mn})\big]$$

6．Yager 测度

Yager 认为，模糊性测度应该取决于模糊集 X 与其补 $\overline{X}$ 之间的关系[9]。因此，他建议将模糊性测度定义为 X 与其补 $\overline{X}$ 之间差异的度量，定义如下：

$$D_p(X,\overline{X}) = \left[\sum_m\sum_n|\mu_{mn}-(1-\mu_{mn})|^p\right]^{1/p} \text{其中 } p = 1, 2, 3, \cdots$$

若 $p=1$，D_1 称为 Hamming 测度；若 $p=2$，D_2 称为 Euclidean 测度。因此，Yager 的模糊性测度定义如下：

$$\eta_p(X) = 1 - \frac{D_p(X, \overline{X})}{|X|^{1/p}} = 1 - \frac{D_p(X, \overline{X})}{(MN)^{1/p}} \qquad (4.8)$$

注意，测度值 $\eta_p(X)$ 亦满足先前所述的熵 $E(X)$ 的 5 个性质。

模糊性测度的最小化或最大化可用于图像增强和图像分割。特别地，模糊性测度可以用于图像阈值化处理（如后续第 9 章所示），即对于给定的图像 X，通过选择合适的阈值进行阈值化处理，以使得 X 的模糊性最小。

参 考 文 献

[1] De Luca, A., Termini, S.: A definition of a nonprobabilistic entropy in the setting of fuzzy sets theory. Inf. Control 20(4), 301–312 (1972)

[2] Gonzalez, R.C.,Woods, R.E.: Digital Image Processing. Prentice Hall, Upper Saddle River (2008)

[3] Kaufmann, A.: Introduction to the Theory of Fuzzy Subsets - Fundamental Theoretical Elements.Academic, New York (1975)

[4] Kerre, E.E., Nachtegael, M. (eds.): Fuzzy Techniques in Image Processing, vol. 52. Physica, New York (2013)

[5] Pal, N.R., Pal, S.K.: Higher order fuzzy entropy and hybrid entropy of a set. Inf. Sci. 61(3), 211–231 (1992)

[6] Runkler, T.A.: Selection of appropriate defuzzification methods using application specific properties.IEEE Trans. Fuzzy Syst. 5(1), 72–79 (1997)

[7] Sladoje, N., Lindblad, J., Nystrom, I.: Defuzzification of spatial fuzzy sets by feature distance minimization. Image Vis. Comput. 29(2), 127–141 (2011)

[8] Tizhoosh, H.R.: Fuzzy Image Processing. Springer, Heidelberg (1997)

[9] Yager, R.R.: On the measure of fuzziness and negation. Part I: membership in the unit interval. Int. J. General Syst. 5, 221–229 (1979)

第 5 章　用于图像处理的 Java

所谓发疯，就是反复地做同一件事情，却期待不同的结果。

——阿尔伯特·爱因斯坦

摘要： 本章介绍了 Java 中面向对象编程的一些基本概念，可用于图像处理的 Java 包 java.awt 和 java.applet 的基本类，以及 ImageJ 中插件的概念及开发工具。本章首先讨论了一个新插件的代码框架和 ImageJ 发行版本中的示例插件，并涵盖了 ImageJ API 中对于编写插件必不可少的部分，且重点关注图像表达相关内容。

5.1　基　础　概　念

Java 是一种广泛应用于面向对象编程（object-oriented，OO）的高级编程语言[1,2]。它通过提供各种类和方法，可以有效地支持和处理数字图像处理。Java 程序由一组相互依赖的类组成，其中每个类均包含称为字段的变量和称为方法的函数。

面向对象的程序设计范式的 3 个基本通用原则如下。

- ❑ 抽象是剔除或删除特征的过程，以便将其简化为一组基本特征。通过抽象过程，程序员隐藏了关于对象的几乎所有的数据，仅保留相关的数据，以减少复杂性并提高效率。抽象与封装和信息隐藏均有关。创建抽象数据类型（类）是面向对象编程中的一个基本概念。抽象数据类型的工作方式几乎与内置类型完全相同：可以创建某一类型的变量（称为对象），并通过发送消息或请求来操作这些变量。

- ❑ 继承使被称为子类的新类能够接收或继承现有类的属性和方法。定义子类时，我们称它扩展了超类，或者派生于超类。

- ❑ 多态性提供了接口与实现的分离，从而将做什么（what）与如何做（how）分离开来。多态性允许改进代码的组织方式和可读性，以及可扩展程序的创建，这些操作不仅可以在创建程序时进行，也可以在需要新特性时随时进行。

Java 中面向对象编程的基础概念介绍如下。

1. 类

类是面向对象编程语言的基本单元。类描述一组具有相同特征（数据元素）和行为

（功能）的对象。如此而言，对象可谓类的实例化，类可被看作类型。类由 Java 中称为字段的属性和称为方法的功能定义。类的字段和方法称为类成员。类的属性由其实例或对象使用的字段的声明定义。类的声明包含基于类创建对象所需的所有代码：用于提供类及其对象状态的字段的声明、用于初始化新对象的构造函数以及实现类及其对象行为的方法。在类中，可以声明变量和对象。变量与基本类型（boolean、char、byte、short、int、long float、double、void）相关联。实际上对象与类是相关联的。

2．对象

对象是类的实现。新对象的创建也称为新的类实例的创建。对象可以有内部数据，这些数据提供其状态和方法以生成其行为。每个对象均可以与其他对象唯一地区别开来。

3．方法

方法描述类的功能。它由一组指令组成，这些指令经由方法名称引用，可以简单地通过由方法名称和参数列表组成的接口调用，如此也就隐藏了方法的实现。构造函数是与类同名的方法，它包含用于初始化类对象的所有代码。new 操作符实现新对象的创建，即分配对象的内存并调用类的构造函数。

4．接口

接口是一个抽象类，它只包含方法的声明而不包含其实现细节。接口不允许声明任何变量。

5．封装

封装能够将数据和方法包装在一个类中，同时隐藏它们的具体实现细节。该类访问控制通常被称为实现隐藏。

6．继承

继承允许定义类的新版本，称为子类或派生类，它们可以继承原始类或基类的属性和字段。子类可以通过提供不同的版本重写超类中的方法。程序本质上是由一个类层次结构组成的，其中派生类或子类继承基类的成员，并可在其中添加功能。

7．多态性

多态性衡量了一种方法根据它所作用的对象的不同来做不同事情的能力。换句话说，多态性允许用户定义一个接口同时具有多个实现。在 Java 中，可以在一个类中定义两个或多个具有相同名称的方法，前提是它们的参数列表不同，即参数的类型或个数可能不同，或两者均不同，或以不同的方式排序。这个概念称为方法重载。重载方法应该始终属于同一个类（或其子类之一），具有相同的名称但参数不同。

8．动态绑定

使用动态绑定，在运行时将方法名称关联到要执行的方法版本上，以实现方法的重新定义。

9．软件包

代码组织在以.java 为扩展名的编译单元中。每个单元包含一个与单元文件同名的公共类。更多的类文件可以以软件包的形式来组织。关键字 package 必须插入每个单元中。编码规则是类的名称必须也是源文件（.java）的名称。软件包的名称也必须是包含该软件包的所有类的路径的名称。基本的软件包如下。

- ❑　lang：用于设计 Java 编程语言的基础类。
- ❑　util：实用程序类。
- ❑　io：输入/输出。
- ❑　text：输入/输出格式。
- ❑　awt：图形和用户界面。
- ❑　awt.event：处理来自键盘、鼠标等的不同类型的事件。
- ❑　swing：更新 awt 的一些功能。
- ❑　applet：创建程序以在网上运行。
- ❑　net：网络应用。

Applet 是一个小应用程序，不能单独运行，需要嵌入另一个应用程序中。在代码清单 5.1 中，提供了一个将彩色矩形绘制到窗口的 Java 程序。它展示了软件包、对象、类、方法和构造函数的使用。

代码清单 5.1　ColoredRectangle.java

```java
import javax.swing.*;   // provides a set of components to create
                        // graphical user interfaces (GUIs) for
                        // applications and applets
import java.awt.*;      // contains all the classes for creating user
                        // interfaces and painting graphics and images
import java.io.*;       // provides for system input/output
// ******* Declaration of the class ColoredRectangle ********
/* The body (the area between the braces) contains:
- declarations for the fields that provide the state of
  the class and its objects
- methods to implement the behavior of the class and its objects
- constructors for initializing new objects. */
```

```java
public class ColoredRectangle {
//  declaration of variables
   int width;          int x;
   int height;         int y;
//  declaration of objects
    JFrame window;    Color color, color2;
  // Jframe is an extended version of java.awt.Frame:
  // adds support for the JFC/Swing component architecture.
// ColoredRectangle(): constructor method
   public ColoredRectangle() {
   // set up the fields
   window = new JFrame("ColoredRectangle");
   window.setSize (400, 200);
   width = 40;      x = 80;
   height = 20;     y = 90;
   color = Color.blue;
   color2 = Color.red;
   window.setVisible(true);
   }
//  paint(): show the rectangle in its window
  public void paint() {
    Graphics g = window.getGraphics();
    g.setColor(color);
    g.fillRect(x, y, width, height);
   }
// main method
  public static void main(String[] args)
        throws IOException  {
  ColoredRectangle r = new ColoredRectangle();
  int count = 10;
  while (count > 0)  r.paint();
  }
}
```

5.2　基于 Java 的图像处理

　　软件包 java.awt 包含用于创建用户界面以及绘制图形和图像的所有类。此包提供了
Paint 和 LayoutManager 等接口，还提供了组件（Component）、画布（Canvas）、容器
（Container）、颜色（Color）、框架（Frame）、图形（Graphics）、2D 图形（Graphics2D）、

图像（Image）、菜单（Menu）、菜单组件（MenuComponent）、矩形（Rectangle）、工具包（Toolkit）等类。

　　抽象类 jawa.awt.Image 是通过生成与图像相关信息来表示图形图像的所有类的超类。实际上，软件包 java.awt.image 提供了获取、可视化和处理图像的类和接口。加载图像可能需要较长的时间，这取决于它的尺寸。因此，图像的加载和可视化是异步过程。图像传输经由两个接口实现：代表接收方的 ImageObserver 和代表发送方的 ImageProducer。

　　java.awt.image 的一些接口如下。

❑ BufferedImageOp：该接口描述了实施于 BufferedImage 类的对象上的单输入/单输出操作。

❑ ImageConsumer：ImageConsumer 接口和 ImageProducer 接口提供了创建低级图像的方法。ImageProducer 提供 ImageConsumer 用于创建图像的像素数据源。它指定了从 ImageProducer 接收数据所必须实现的方法。

❑ ImageObserver：这是一个异步更新接口，用于在加载图像时生成关于图像的通知。该类的实例能够在加载图像时对其实施监视。例如，它允许在不中断其他操作的情况下加载图像。此类只包含方法 imageUpdate，该方法仅在图像信息以异步方式请求时可被调用。该类由类 Applet 实现，且软件包 awt 的每个组件均为 ImageObserver。

❑ ImageProducer：该接口可以为 Image 实例生成图像数据。ImageProducer 接口定义了 ImageProducer 对象必须实现的方法。ImageProducer 接口所包含的方法使得 ImageConsumer 类的对象进行各种图像处理成为现实。换句话说，当一个 ImageConsumer 对象被添加到 ImageProducer 对象中时，ImageProducer 调用本接口中定义的方法来提供关于图像的所有数据。

❑ Mediatracker：这是一个用于跟踪多个媒体对象状态的实用程序类。媒体对象可以包括音频片段和图像，但目前只支持图像。若要使用媒体跟踪器，首先创建 MediaTracker 实例，并为要跟踪的每个图像调用其 addImage()方法。此外，可以为每个图像分配一个唯一的标识符。此标识符用于控制获取图像的优先级顺序，还可以用以识别可独立等待的图像的唯一子集。相较于具有较高 ID 的图像，ID 较低的图像会被优先加载。代码清单 5.2 给出了一个例子。

❑ RasterOp：它描述了实施在光栅对象上的单输入/单输出操作。

❑ RenderedImage：这是一个通用接口，适用于包含或者可以生成光栅格式的图像数据的对象。

java.awt.image 软件包的一些类如下。

❑ AffineTransformOp：该类使用仿射变换实施从源图像 Image 或 Raster 对象中的 2D 坐标到目标对象 Image 或 Raster 中的 2D 坐标的线性映射。

❑ AreaAveragingScaleFilter：它是 ImageFilter 的一个子类，用于使用简单的面积平均算法对图像进行缩放。

❑ BufferedImage：它是 Image 的一个子类，用于描述具有可访问的图像数据缓冲区的图像。BufferedImage 类的 getRGB()方法用于获取像素值。

❑ BufferedImageFilter：它子类化 ImageFilter 类，提供了一个简单方法以使用单源/单目标图像算子过滤 Image Producer/Consumer/Observer 中的 BufferedImage。

❑ ColorConvertedOp：它对源图像中的数据进行逐像素的颜色转换。

❑ ColorModel：它是一个抽象类，封装了将像素值转换为颜色分量（如红色、绿色和蓝色）和 alpha 分量的方法。

❑ ComponentColorModel：它是一个 ColorModel 子类，通过将颜色和 alpha 信息表示为单独的样本来处理像素值，并将每个样本存储在单独的数据元素中。

❑ ConvolveOp：它实现了从源图像到目标图像的卷积。

❑ ImageFilter：它为一组接口方法实现了一个过滤器，用于将数据从 ImageProducer 传递给 ImageConsumer。

❑ IndexColorModel：它是 ColorModel 的一个子类，用于处理像素值，结果值是像素值到 RGB 颜色空间中固定颜色映射上的索引。

❑ LookupTable：它是一个抽象类，定义了一个查找表对象。

❑ Raster：它是一个将图像表示为像素矩形列阵的类。

❑ RGBImageFilter：它提供了一种创建 ImageFilter 对象的简单方法，该对象可修改 RGB 颜色空间中图像的像素。

5.3　小应用程序（Applet）

Applet 是一个不能独立运行的小应用程序，需嵌入另一个应用程序中方可运行。

Applet 是用 Java 编写的、可以包含在 HTML 代码中的程序。可通过使用支持 Java 技术的浏览器查看包含小应用程序的页面，小应用程序代码传输给用户系统，并由浏览器的 Java 虚拟机（JVM）执行。小应用程序不需要包含 main()方法。小应用程序可以在支持 Java 的浏览器中执行，也可以在 HTML 页面中调用的 apple -viewer 中执行。小应用程序与用户的交互仅能通过软件包 awt 和 swing 的类所提供的图形界面进行。类 Applet 的层次结构如图 5.1 所示。

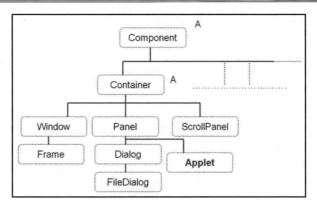

图 5.1　类 Applet 的层次结构（A 表示抽象类）

为实现小应用程序，我们定义了类 java.applet.的子类 Applet，包含以下方法。

❑ init()：由浏览器或小应用程序查看器调用，以通知小应用程序已被加载到系统中。init()总是在第一次调用 start()方法之前被调用。

❑ start()：由浏览器或小应用程序查看器调用，以通知小应用程序应该开始执行。start()在 init()方法之后，每次在 Web 页面中重新访问小应用程序时均会被调用。

❑ stop()：由浏览器或小应用程序查看器调用，以通知小应用程序应该停止执行。当包含小应用程序的 Web 页面被另一个页面替换时，在小应用程序被销毁之前 stop()均会被调用。

❑ destroy()：由浏览器或小应用程序查看器调用，以通知小应用程序正在被回收，并且应该销毁之前给它分配的所有资源。destroy()方法总是在 stop()之后调用。

用于小应用程序实现的其他方法有 getAppletContext()、getAppletInfo()、getAudioClip (URL url)、getImage(URL url, String imagineName)。此外，抽象类 Container 的方法 paint() 亦必须写入小应用程序中。

小应用程序是事件驱动型程序。小应用程序等待事件发生，然后执行适当的操作并将控件返回给 awt 运行系统。用户交互是通过使用处理事件的软件包 java.awt.event 实现的。

代码清单 5.2 展示了一个小应用程序例子。它可视化图像及其分量 R、G、B。它的执行开始于代码清单 5.3 中给出的 HTML 代码。若运行小应用程序，需要创建一个包含文件 ScmpRGB.Java 和 ScmpRGB.html 的 Java 项目，并将待处理的名为 sampleimage.jpg 的图像放入同一目录中。

代码清单 5.2　ScmpRGB.java：一个将彩色图像分解为红、绿、蓝三颜色分量的 Java 程序

```java
public class ScmpRGB extends Applet {
    Image img; // input image
```

```java
Image redImg;        // red image
Image blueImg;       // blue image
Image greenImg;      // green component
MediaTracker tracker; /* verify the status of the image
while loaded */
public void init () {
    // set background color
    setBackground(Color.orange);
    tracker=new MediaTracker(this);
    // get image from the path
    img=getImage(getCodeBase(),"sampleimage.jpg");
    tracker.addImage(img,0);
    try {
        tracker.waitForID(0);
    }
    catch (InterruptedException e) {
      getAppletContext().showStatus
      ("Any problems with the first image?");
    }

setSize(img.getWidth(this)*2+60, img.getHeight(this)*2+60)

redImg=createImage(new FilteredImageSource(img.getSource(),
        new RedFilter())); // extracts red component
    try{
        tracker.addImage(redImg,1);
        tracker.waitForID(1);
        }
    catch (InterruptedException e) {
        getAppletContext().showStatus
        ("Any problems with the second image?");
        }

blueImg=createImage(new FilteredImageSource(img.getSource(),
        new BlueFilter())); // extracts blue component
    try{
        tracker.addImage(blueImg,1);
        tracker.waitForID(1);
        }
    catch (InterruptedException e) {
        getAppletContext().showStatus
        ("Any problems with the third image?");
```

```java
            }
    greenImg=createImage(new FilteredImageSource(img.getSource(),
            new GreenFilter())); // extracts green component
        try{
            tracker.addImage(greenImg,1);
            tracker.waitForID(1);
            }
        catch (InterruptedException e) {
            getAppletContext().showStatus
            ("Any problems with the fourth image?");
            }
        }

        public void paint(Graphics g) {
            g.drawImage(img,10,10,this);
            g.drawImage(redImg,img.getWidth(this)+20,10,this);
            g.drawImage(blueImg,10,redImg.getHeight(this)+20,this);
            g.drawImage(greenImg,blueImg.getWidth(this)+20,
                    redImg.getHeight(this)+20,this);
            }
        class RedFilter extends RGBImageFilter {
            public int filterRGB(int x, int y, int rgb) {
                return rgb & 0xFFFF0000;
                }
            }
        class BlueFilter extends RGBImageFilter {
            public int filterRGB(int x, int y, int rgb) {
                return rgb & 0xFF0000FF;
                }
            }
        class GreenFilter extends RGBImageFilter {
            public int filterRGB(int x, int y, int rgb) {
                return rgb & 0xFF00FF00;
                }
            }
        }
    }
```

代码清单 5.3　ScmpRGB.Html：运行 ScmpRGB.java 的 HTML 代码

```html
<html>
<body>
<applet code= "ScmpRGB.class" width= "650" height= "700">
```

```
</applet>
</body>
</html>
```

5.4　ImageJ

ImageJ 是一个基于 Java 开发的公共的图像处理程序，受 NIH Image for the Macintosh 启发[3]。它可以显示、编辑、分析、处理、保存和打印 8 位、16 位和 32 位图像。图 5.2 展示了 ImageJ 的图形用户界面。

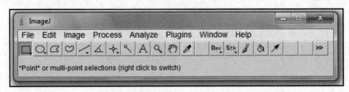

图 5.2　ImageJ 用户界面

ImageJ 可以读取多种图像格式，包括 TIFF、GIF、JPEG、BMP、DICOM、FITS 和 RAW。它支持栈（stacks），即共享一个窗口的一系列图像。它是多线程的，因此像读取图像文件这样耗时的操作可以与其他操作并行执行。

ImageJ 是一个开源软件。其插件是免费软件：任何用户可以根据自由软件基金会发布的 GNU 通用公共许可证的条款重新分发和/或修改它们。具体来说，使用 ImageJ，用户拥有以下基本自由。

❑　可为任何目的运行相关程序。

❑　研究相关项目是如何运作的，并可以修改，以使其实现自己想做的事。

❑　重新发布副本，为他人提供帮助。

❑　改进项目，并向公众发布改进版本，使整个社区均能从中受益。

ImageJ 内置命令提供的功能可以通过用户编写的宏和插件形式的代码进行扩展。这两个选项在复杂性和功能上均有不同，具体介绍如下。

5.4.1　宏

宏是执行一系列 ImageJ 命令的简单方法。创建宏的最简单的方法是使用 Plugins（插件）→Macros（宏）菜单中的 Record 命令并执行要记录的命令。宏的相关代码可以在内置编辑器中进行修改（见图 5.3）。ImageJ 宏语言包含一组控制结构、算子和内置函数，并可用于调用内置命令和宏。宏语言的详细信息可查阅参考文献[4]。

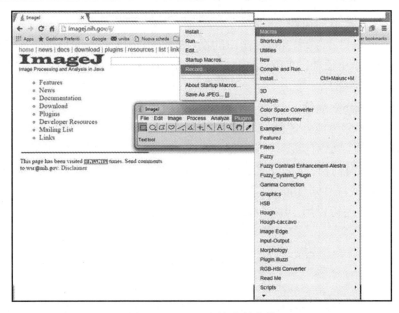

图 5.3   ImageJ 环境中的菜单

5.4.2   插件

插件是一个比宏更为强大的概念，而且实际上大多数 ImageJ 内置菜单命令均以插件形式实现。插件是扩展了 ImageJ 功能的小型 Java 程序。这意味着插件可以使用 Java 语言的所有特性、可以访问完整的 ImageJ API 并使用所有标准的 Java API。插件可以实现标准接口类，其类层次结构如图 5.4 所示。

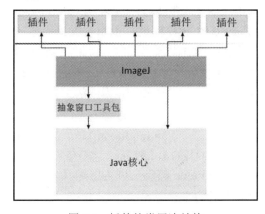

图 5.4   插件的类层次结构

这里共有 3 种类型的插件。

（1）Plugin 插件：实现 Plugin 接口的插件。该插件执行之前无须打开一幅图像。

（2）PluginFilter 插件：实现 PluginFilter 接口的插件。该插件执行之前需要打开一幅图像。

（3）PlugInFrame 插件：类似于 PluginFilter，但该插件在自己的窗口中运行。

插件通常用于分析或处理图像（堆栈）或添加对新文件格式的支持。通过插件还能完成许多其他事情，如渲染图形或者创建 ImageJ 图形用户界面的扩展。位于 ImageJ Plugins 文件夹中的插件将自动安装在 Plugins 菜单中。可以使用 Plugins（插件）→Edit（编辑）创建或修改插件。ImageJ 为宏和插件提供了一个集成的编辑器，不仅可以用于修改和编辑代码，还可以用于编译和运行插件。

5.5　基于 Java 的模糊系统

若在 Java 中定义模糊模型，一个简单的方法是使用 NRC FuzzyJ 工具包[5]。工具包 NRC FuzzyJ 工具包是一个用于表示和处理模糊信息的 Java(tm) API。该工具包由一组类（nrc.fuzzy.*）组成，用户使用这些类可以构建基于 Java 的模糊系统。该工具包包含一组支持模糊规则系统定义的 Java 类。

为了展示 NRC FuzzyJ 工具包的使用，下面考虑一个用于颜色分类的模糊系统的定义[6]。定义模糊规则，以使用遵循人类直觉的颜色分类模型来实施 HSV 颜色空间的分割。该方法基于 HSV 颜色空间。与 RGB 空间相比，HSV 颜色空间更直观、更接近人类对颜色的感知（人类不会使用原色红、绿、蓝来表示颜色）。

模糊规则的定义是为了反映人类根据感知将标签与颜色关联的过程。因此，我们考虑的是 HSV 颜色模型而不是 RGB 颜色模型。正如第 1 章所述，在 HSV 模型中，每种颜色均是用色相、饱和度和明度等感知概念表示的。因此，模糊模型有 3 个前件变量（Hue、Saturation、Value）和一个后件变量（颜色类 ID）。考虑以下形式的模糊规则：

IF　（Hue 为橙色）且（Saturation 为中等）且（Value 为暗）

THEN colorClass 为深棕色

IF　（Hue 为红色）且（Saturation 为清晰）且（Value 为亮）

THEN colorClass 为粉色

前件变量 Hue、Saturation、Value 的定义域为区域 (0, 255)。后件变量的论域是离散的，且取决于预定义的颜色类的数量。

输入变量 Hue 可以由与基本色相数量相同的模糊集来定义，即红（Red）、橙（Orange）、

黄（Yellow）、绿（Green）、青（Cyan）、蓝（Blue）、紫（Purple）、品红（Magenta）
和粉（Pink）。这些模糊集的隶属度函数可以根据色相光谱来定义（见图 5.5）。Saturation
使用模糊集灰（Gray）、中等（Medium）和清晰（Clear）来定义，（见图 5.6）。Value
使用模糊集暗（Dark）、中等（Medium）和亮（Bright）来定义（见图 5.7）。输出变量
colorClass 的模糊集被简单地定义为模糊单点集（见图 5.8）。

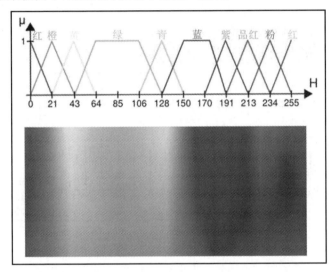

图 5.5　根据所有色相光谱定义的输入变量 Hue 的模糊集

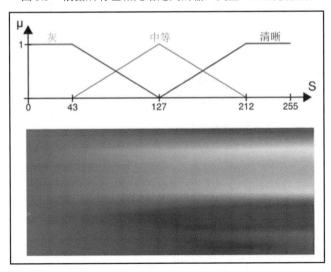

图 5.6　输入变量 Saturation 的模糊集

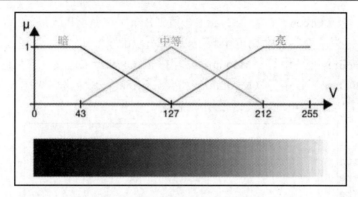

图 5.7　输入变量 Value 的模糊集

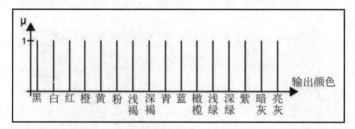

图 5.8　输出变量 colorClass 的模糊单点集

　　工具包 FuzzyJ 提供了类 FuzzyVariable 以定义模糊变量，并提供了方法 addTerm()以添加模糊项。使用类 TriangleFuzzySet、TrapezoidFuzzySet，可分别定义具有三角形、梯形隶属度函数的模糊集。代码清单 5.4 给出了模糊变量 Hue 及其模糊集的定义。

　　为了定义模糊 IF-THEN 规则，FuzzyJ 提供了类 FuzzyRule，该类支持使用 addAntecedent()和 addConclusion()方法分别定义前件和后件。在代码清单 5.4 中，展示了规则 deepRed 的定义。为了实施规则的推理，FuzzyJ 提供了 execute()方法，该方法计算单个规则的激活级。代码清单 5.4 的最后一部分执行所有以 pink 为后件的规则的推理。若将规则用于分类，则执行所有具有相同后件的规则，并加和它们的激活水平，从而产生相应输出类的最终确定度。为了存储所有输出类的确定度，可以定义一个 HashMap，其键值数与颜色类的数量相同。给定一个输入，模糊系统的输出即为 HashMap 中的最大值。

代码清单 5.4　FuzzyInferenceSystem.java：使用 FuzzyJ

工具包定义的一个模糊规则系统的 Java 代码摘录

```
import nrc.fuzzy.*;
import java.util.*;
/*
 * Fuzzy inference system to classify colors of an image
```

```
 *
 * @authors Gabriella Casalino, Marco Lucarelli, Massimo Minervini
 *
 * @version 2.0
 */

public class FuzzyInferenceSystem {

    private FuzzyVariable hue;
    private FuzzyVariable saturation;
    private FuzzyVariable value;
    private FuzzyVariable colorClass;

    private FuzzyRule whitePreprocessing = new FuzzyRule();
    private FuzzyRule blackPreprocessing = new FuzzyRule();
    private FuzzyRule deepRed = new FuzzyRule();
    private FuzzyRule darkRed = new FuzzyRule();
    // [...] other rules
    private FuzzyRule palePink = new FuzzyRule();

/* ************************************************
 * definition of input and output fuzzy variables
 ************************************************ */
// definition of input variable "hue"
hue = new FuzzyVariable("hue",0.0,255.0);
hue.addTerm("red",(new TriangleFuzzySet(0.0,0.0,21.0)). fuzzyUnion
         (new TriangleFuzzySet (234.0,255.0,255.0)));
hue.addTerm("orange",new TriangleFuzzySet(0.0,21.0,43.0));
hue.addTerm("yellow",new TriangleFuzzySet(21.0,43.0,64.0));
hue.addTerm("green",new TrapezoidFuzzySet(43.0,64.0,106.0,128.0));
hue.addTerm("cyan",new TriangleFuzzySet(106.0,128.0,150.0));
hue.addTerm("blue",new TrapezoidFuzzySet(128.0,150.0,175.0,191.0));
hue.addTerm("purple",new TriangleFuzzySet(170.0,191.0,213.0));
hue.addTerm("magenta",new TriangleFuzzySet(191.0,213.0,234.0));
hue.addTerm("pink",new TriangleFuzzySet(213.0,234.0,255.0))
// [...] other input variables

// definition of output variable "color"
colorClass = new FuzzyVariable("color", 0.0, 16.0);

/* **********************
 * definition of rules
```

```
********************* */
deepRed.addAntecedent(new FuzzyValue(hue,"red"));
deepRed.addAntecedent(new FuzzyValue(saturation,"gray"));
deepRed.addAntecedent(new FuzzyValue(value,"dark"));
deepRed.addConclusion(new FuzzyValue(colorClass,
    new SingletonFuzzySet(OutputColors.DARK\_BROWN.classId())));

// [...] other rules

/* *******************
 * inference of rules
 ******************* */

// execute rules having PINK as consequent

map.put(OutputColors.DARK_BROWN,map.get(OutputColors.DARK_BROWN)
  + deepPink.execute().toFuzzyValueArray()[0].getMaxY());
map.put(OutputColors.DARK_BROWN,map.get(OutputColors.DARK_BROWN)
  + darkPink.execute().toFuzzyValueArray()[0].getMaxY());
map.put(OutputColors.RED, map.get(OutputColors.RED)
  + somberPink.execute().toFuzzyValueArray()[0].getMaxY());
map.put(OutputColors.PINK, map.get(OutputColors.PINK)
  + brightPink.execute().toFuzzyValueArray()[0].getMaxY());
map.put(OutputColors.PINK, map.get(OutputColors.PINK)
  + mediumPink.execute().toFuzzyValueArray()[0].getMaxY());
map.put(OutputColors.RED, map.get(OutputColors.RED)
  + grayPink.execute().toFuzzyValueArray()[0].getMaxY());
map.put(OutputColors.PINK, map.get(OutputColors.PINK)
  + luminousPink.execute().toFuzzyValueArray()[0].getMaxY());
map.put(OutputColors.PINK, map.get(OutputColors.PINK)
  + lightPink.execute().toFuzzyValueArray()[0].getMaxY());
map.put(OutputColors.PINK, map.get(OutputColors.PINK)
  + palePink.execute().toFuzzyValueArray()[0].getMaxY());

// [...] execute other rules

// the output is the color with highest certainty degree

for (OutputColors c : OutputColors.values())
  if (map.get(c) > map.get(pixelClass))
    pixelClass = c;
```

定义和使用上述模糊规则系统的完整 Java 代码可以以 ImageJ 插件形式获取[7]。该插件是一个通过在 ImageJ 中导入软件包 nrc.fuzzy.*来构造一个模糊图像处理应用程序的例子，FuzzyJ 可轻松实现插件或小应用程序功能。图 5.9 展示了使用插件对 Lena 和狒狒图像的像素颜色进行分类得到的结果。

（a）Lena 图像

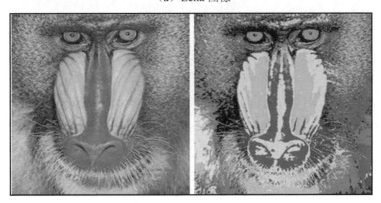

（b）狒狒图像

图 5.9　使用模糊规则对图像进行颜色分类

参 考 文 献

[1] Eckel, B.: Thinking in JAVA. Prentice Hall Professional, USA (2003)

[2] Trail: Learning the Java Language. https://docs.oracle.com/javase/tutorial/java/

[3] ImageJ. Image Processing and Analysis in Java. http://imagej.nih.gov/ij/index.html

[4] ImageJ Macro Language. http://rsb.info.nih.gov/ij/developer/macro/macros.html

[5] FuzzyJ Toolkit for the Java(tm) Platform. http://www.csie.ntu.edu.tw/~sylee/courses/FuzzyJ/Docs/

[6] Shamir, L.: Human perception-based color segmentation using fuzzy logic. In: International Conference on Image Processing. Computer Vision and Pattern Recognition (IPCV 2006), Las Vegas, NV, vol. II, pp. 496–505 (2006)

[7] Casalino, G., Lucarelli,M., Minervini M.: FuzzySegmentation, a Java plugin for color segmentation.https://sites.google.com/site/cilabuniba/research/fuzzysegmentation

第 2 部分

模糊图像处理的应用

　　模糊集理论在数字图像分析应用领域中前景光明，模糊集适用于处理图像分量难以精确定义，但可以借助漫反射的定位和范围进行更好地描述的情况。模糊性可谓图像的内在属性，也是众多成像技术的必然结果。因此，在处理低对比度图像或者被噪声污染的图像时，模糊集具有其特有的优势，相对的，此时大部分传统的对比度增强技术已无能为力。将模糊概念纳入图像分割技术是减少由于对象定义中的硬式决策而导致的数据丢失的有效工具。此外，利用形态学中的模糊集概念，可以表示从信号级到最高决策级所有级别图像中的不精确性和不确定性。为展示模糊技术在图像处理中的潜力，在本部分我们将处理图像处理中的基础问题，并重点介绍模糊技术在其上的应用与实现。

第6章 彩色对比度增强

机器可以解决问题，却永远不会提出问题。

——阿尔伯特·爱因斯坦

摘要： 本章介绍了彩色图像对比度增强的基本概念，并着重介绍了模糊逻辑是如何作为有效工具应用于彩色图像增强的。特别地，本章介绍了如何定义一个基于模糊规则的彩色图像增强系统，并在最后给出一个彩色图像的应用实例。

6.1 引　　言

数字图像增强技术已受到人们的广泛关注，尤其是在医学图像研究领域。图像增强技术种类繁多，这些技术或试图改进图像的可视效果，或将图像转换格式以更适合人类观察者进行分析或机器进行处理。

经典的图像增强方法可分为两类，即频域方法和空间域方法。频域方法中，图像增强是通过对图像的频率变换进行滤波来实现的。然而，对整幅图像进行二维变换，即使采用快速变换技术[7]，也非常耗时。因此，频域方法不适用于实时图像处理。空间域技术利用直方图或矩等信息对像素进行直接操作（见第 2 章），对比度增强技术可谓空间域中最为重要的图像技术之一。针对单色图像的增强方法，如借助灰度变换实现对比度操作或直方图修正等，亦可推广至彩色图像，此时每个颜色通道需单独处理。具体实施时，彩色图像通常采用 RGB 颜色空间。

事实上，彩色图像具有多通道信息的内在属性给图像增强过程带来了若干挑战，如颜色表示系统的选取和更具代表性通道的选择。

6.2 多通道图像处理

由于彩色图像在特定的表示系统（如 RGB、HSI 等）中含有多通道信息，通常针对单通道数据开发的方法不能直接适用于多通道数据。例如，直方图均衡化及其变体对于增强灰度图像中的细节非常有用，但是将其应用于退化彩色图像的 3 个分量（R、G、B）

时可能会失败，因为它们通过产生颜色伪影而改变了原始的颜色组成。

　　因此，若在 RGB 空间模型进行图像增强，则可能会产生与人类视觉系统不相符的结果。对于彩色图像增强操作而言，一个合适的颜色模型不但要能够分离彩色信息和无色信息，还要能够保持原始图像的颜色分布。3 个主要属性（色相、饱和度和强度）多用于颜色之间的区分，从而使得相对应的 HIS 颜色模型成为彩色图像增强操作较为理想的选择。

　　近年来，已出现若干针对彩色图像处理的自适应滤波器[12, 14]。有学者构建了一个用于处理多通道信号的统一且强大的框架[11]。采用该方法，可以从全局的角度来处理彩色图像滤波问题，从而轻而易举地实现和统一之前看似毫无关联的结果。该滤波器利用贝叶斯技术和非参数方法来适应彩色图像中的局部数据。

6.3　针对图像增强的模糊技术

　　现有多种基于模糊技术的图像增强方法[2, 3, 6, 8, 10, 13]。De 和 Chatterji 提出了一种基于灰度像素处理的图像增强方法[3]。该方法首先涉及从图像到模糊域的变换以及使用对比度增强函数进行修正的过程，紧接着是一个去模糊过程，该过程通过使用逆变换函数实现数据从模糊域到空间域的变换。此外，一种新的图像增强方法使用一个带参的 S -形函数通过优化信息熵以修正高斯隶属度函数[6]。彩色图像增强方法是对其的扩展[5]，该方法将直方图作为彩色图像的模糊建模基础。虽然图像质量在本质上仍然是主观的，但是模糊熵已被用于模糊域以度量图像的质量[10]。在彩色图像质量评估中出现的这种主观性反而使得我们有必要使用一些工具来简化模糊系统的定义，以应用于特定的对比度增强。

　　在利用模糊逻辑进行图像增强和图像平滑的相关领域，已存在多个利用模糊 IF-THEN 规则开发的框架。事实上，这种方法允许扩充和推广基于直方图变换的图像增强方法。本书提供了一种基于模糊规则的图像增强系统[9]。其中，一组邻域像素构成模糊规则的前件子句和后件子句，其所提供的指令类似于人类的推理过程。

　　6.4 节将介绍如何定义一个基于模糊规则的彩色图像对比度增强系统。

6.4　一个针对图像增强的模糊规则系统

　　如第 3 章所述，模糊规则系统在输入端处理"干脆"的数据，并通过模糊规则库的推理在输出端生成"干脆"的数据。在系统的前端使用模糊器将"干脆"的数据转换为模糊集，在系统的输出端使用去模糊器将模糊集转换为"干脆"的值。模糊系统的核心

是由 K 个规则构成的规则库，其形式如式（3.1）所示。给定一个输入值向量，需要实施下面 3 个主要步骤以获得一个输出结果值。

（1）通过对描述输入变量的每个模糊集的隶属度进行计算，实现输入值的模糊化，即对于任一输入值 x_i，按照隶属度函数的实际类型计算模糊集 A_{ik} 中隶属度函数 $\mu_{ik}(x_i)$ 的度。如果将该模糊系统用于彩色图像处理，输入值 x_i 则代表大小为 $N \times M$ 的彩色图像的像素值 $I_c(n,m)$，其中 $c = 1, 2, 3$，$0 \leqslant n \leqslant N-1$，$0 \leqslant m \leqslant M-1$。此时，输入图像 I 的模糊化包括将隶属度函数应用于所有颜色通道的过程，进而为所有颜色通道的所有像素生成相应的隶属度值 $\mu_{n,m,c}$。这些隶属度值表示模糊化输入，即输入模糊图像。

（2）利用模糊推理的组合规则，将模糊化的输入（隶属度值）与模糊规则相结合，通过模糊推理得到模糊输出。由此产生的模糊集通过并运算进行聚合，以得到一个输出模糊集。

（3）需要一个去模糊化阶段，以实现从规则推理产生的模糊输出中生成一个"干脆"的输出值。这个阶段由去模糊器执行，它将输出模糊集映射为一个"干脆"的输出值。

另外，若欲借助模糊规则系统解决彩色图像的对比度增强问题，需要实施如下步骤。

（1）选择一幅 32 位彩色图像。

（2）定义一个模糊规则系统，并设置模糊规则的所有参数（输入参数、输出参数和隶属度函数等）。

（3）对彩色图像的每一颜色通道实施模糊化过程。

（4）对每一颜色通道实施推理过程。

（5）对推理结果实施去模糊化过程。

（6）重新构造一幅 32 位彩色图像。

上述步骤通常很难手动操作。在这里，我们推荐使用 Java 插件[1]，其旨在协助用户定义一个基于模糊规则的、针对灰度图像的增强系统。若欲实施彩色图像增强过程，则在颜色通道中分解图像，再在每一颜色通道上分别应用上述插件即可。

6.5　应用实例：自然图像增强

本节将介绍几个使用简单模糊规则系统对自然图像进行图像增强的例子。在这里所使用的测试图像具有颜色多样性和区域间对比度差特性。尤其是这些图像的亮度较差，即它们曝光不足，细节和颜色不易辨认，人眼不易感知。所有图像开始时使用 RGB 模型表示，然后变换到 HSB 模型中。对于每幅图像，我们推导其 H、S、B 3 个通道分量，并对每幅分量图像的像素值进行模糊对比度增强，所使用的 3 种模糊规则在灰度对比度增强领域众所周知[4]，如图 6.1 所示。在本例中，输入变量 Value 为输入图像的某一通道分量的像素值，输出变量 New value 为所得增强图像中相应通道的像素值。输入变量采用了低（Low）、中（Medium）、高（High）3 个模糊集以及拟合了图像各通道的直方图的隶属度函数模型。输出变量采用了较低（Lower）、中（Medium）、较高（Higher）3 个模糊单点集模型。图 6.2 和图 6.3 分别展示了输入模糊集和输出模糊集。

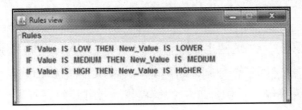

图 6.1　对比度增强的模糊规则

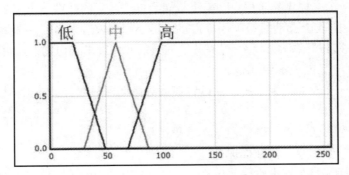

图 6.2　定义在输入变量 Value 上的模糊集

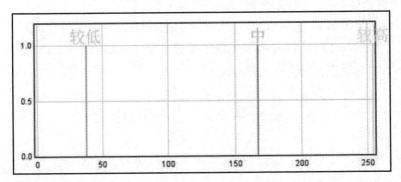

图 6.3　为输出变量 New value 定义的模糊单点集

　　为定义模糊规则集、输入模糊集和输出模糊集，我们参考了一个 Java 应用程序[1]，该应用程序可针对图像处理问题建立相应的模糊规则系统。

给定任意输入值 x_0，经由所给 3 个规则的推理，可得出如下输出值：

$$y_0 = \frac{\mu_{\text{LOW}}(x_0) \cdot b_L + \mu_{\text{MEDIUM}}(x_0) \cdot b_M + \mu_{\text{HIGH}}(x_0) \cdot b_H}{\mu_{\text{LOW}}(x_0) + \mu_{\text{MEDIUM}}(x_0) + \mu_{\text{HIGH}}(x_0)}$$

其中，变量 b_L、b_M、b_H[①]分别表示输出变量的模糊单点集 Lower、Medium 和 Higher。在模糊规则的后件部分使用模糊单点集，减少了系统的计算量。事实上，模糊图像增强是计算密集型的，这是因为需要在输入图像的每一像素上实施包括模糊化、规则推理和去模糊化 3 个阶段的整个处理过程。

为进一步降低计算复杂度，一个可能的措施是仅在每个通道分量图像的 256 个灰度级上实施模糊推理规则，然后构造一个查找表，以提供输入图像和输出图像（增强图像）像素值之间的对应关系。这样，每个基于规则的系统均带有一个预编译的查找表，因此图像增强过程也就变成了查找表的应用过程。在这里，查找表操作是可行的，因为灰度变换是点变换，不依赖于像素位置。

给定一个彩色图像 f，整个彩色图像的对比度增强过程如下所示。

已知：f 为 32 位彩色图像。

目标：f' 为 32 位彩色增强图像。

　　/*作用于 f 的步骤如下*/

1. 选择色彩空间（如 HSB）。[②]
2. 将 f 从 RGB 图像转换为 HSB 形式。
3. 选择其中的一个分量，如亮度分量。
4. 定义模糊规则系统。

　　/*以下为作用于亮度分量的步骤*/

5. 对每一像素实施模糊化（在模糊集 Low、Medium 和 High 上的隶属度）。
6. 实施规则推理过程。
7. 计算输出值。
8. 将得到的亮度增强图像从 HSB 转换至 RGB 空间。

模糊规则系统只作用于亮度分量所产生的增强图像，如图 6.4 所示。与直方图均衡化得到的增强图像进行定性比较可以看出，在大多数情况下，基于模糊规则的颜色增强可以得到视觉上令人愉悦的图像。与直方图均衡化方法相比，模糊方法在本质上得到了改进，而直方图均衡化方法在某些情况下会过度增强某些区域。此外，所提出的方法可以

---

① 原著公式有误，原为 v_H，已与作者确认。——译者注

② 原著中该程序部分语句的结尾有的有分号，有的没有，为统一起见，全部改为句号。——译者注

方便地增强特定可视化应用程序所需的颜色值范围。

（a）原始的低对比度图像

（b）直方图均衡化所得结果图像

（c）先进行模糊系统的模糊化，然后进行直方图均衡化所得结果图像

图 6.4　模糊规则系统作用于亮度分量所产生的增强图像效果对比

参 考 文 献

[1] Alestra S.: ImageJ Plugin Fuzzy Contrast Enhancement. Availableat: http://svg.dmi.unict.it/iplab/imagej/index.htm

[2] Bhattacharya, E.: An algebraic environment to process fuzzy images. Pattern Recognit. Lett. 8, 29–33 (1988)

[3] De, T.K., Chatterji, B.N.: An approach to a generalized technique for image contrast enhancement using the concept of fuzzy set. Fuzzy Sets Syst. 25, 145–158 (1988)

[4] Gonzales, R.C., Woods, R.E.: Digital Image Processing, 3rd edn. Prentice-Hall Inc, Upper Saddle River, NJ, USA (2006)

[5] Hanmandlu, M., Jha, D.: An optimal fuzzy system for color image enhancement. IEEE Trans. Image Process. 15(10), 2956–2966 (2006)

[6] Hanmandlu, M., Tandon, S.N., Mir, A.H.: A new fuzzy logic based image enhancement. Biomed. Sci. Instrum. 34, 590–595 (1997)

[7] Lee, J.-S.: Digital image enhancement and noise filtering. IEEE Trans. Pattern Anal. Mach. Intell. 2, 165–168 (1980)

[8] Mahashwari, T., Amit, A.: Image enhancement using fuzzy technique. Int. J. Res. Eng. Sci. Technol. 2(2), 1–4 (2013)

[9] Pal, S.K., Rosenfeld, A.: Image enhancement and thresholding by optimization of fuzzy compactness.Pattern Recognit. Lett. 7(2), 77–86 (1988)

[10] Pal, S.K., King, R.A.: Image enhancement using smoothing with fuzzy sets. IEEE Trans. Syst. Man. Cybern. SMC-11(7), 494–501 (1981)

[11] Plataniotis, K.N., Androutsos, D., Vinayagamoorthy, S., Venetsanopoulos, A.N.: Color image processing using adaptive multichannel filtering. IEEE Trans. Image Process. 6(7), 933–941 (1997)

[12] Raju,G., Nair,M.S.:Afast and efficient color image enhancementmethod based on fuzzy-logic and histogram. AEU-Int. J. Electron. Commun. 68(3), 237–243 (2014)

[13] Sun, S.: Image enhancement algorithm based on improved fuzzy filter. J. Multimed. 9(1), 138–144 (2014)

[14] Suneel,M.,Kumar, K., Bhaskar, P.U.: Color image enhancement using fuzzy set theory. Digital Image Process. 4(1), 10–12 (2012)

第7章 图像分割

每个人都倾向于以己度人。

——伽利略·伽利雷

摘要: 本章讨论了基于区域的图像分割方法,包括像素邻域的定义、区域的连通性和图像分割问题等基本概念。本章还将聚类方法定性为一种可实施图像分割的较为强大的工具。本章最后给出了利用聚类技术进行彩色图像分割和纹理分割的应用实例。

7.1 引　言

图像分割是将图像分割成非重叠区域的过程,这些区域相对于强度、颜色或纹理等特征是同质的。图像分割是高层次视觉和图像理解的基本步骤,在诸如目标/模式识别和跟踪,以及图像检索等许多应用中均是必不可少的。换句话说,分割的目的是简化和/或改变图像的表示,使其更有意义,更容易分析[10, 22]。图像分割通常用于定位图像中的目标和边界(线、曲线等)。更准确地说,图像分割是为图像中的每个像素分配一个标签的过程,使得具有相同标签的像素共享某种特征。

虽然在过去的几年里,已存在大量不同的分割方法[6, 9, 11, 16, 22],且新算法也不断涌现,但是对于实景图像而言,分割问题还远没有得到满意的解决。每种方法的性能在很大程度上取决于视觉场景的类型和图像参数,如分辨率、光照和观察条件。基本分割方法检测不同区域像素之间的不连续性或同一区域像素之间的相似性。第一类包括检测孤立点、线或边的算法。第二类包括区域生长、区域分裂和区域聚合算法。本章将介绍基于聚类的特定区域方法,其在医学成像和基于内容的图像检索等领域得到了广泛的关注。

下面首先介绍分割问题及其处理方法。接着介绍"干脆"聚类(常规聚类)和模糊聚类。然后提出一种基于空间信息的模糊聚类算法。最后展示聚类方法的两种应用:生物图像的彩色分割和纹理分割。

7.2 分　割　问　题

通常,分割问题涉及将图像像素分割成若干个不同的分区,这些分区对应于同质区域。分割的目的是准确地捕捉这些区域。为了形式化分割问题，我们引入像素邻域和区域连通性的概念。

1．像素领域

定义位于 (x, y) 的像素 p 的邻域有两种不同的方式。

（1）像素 p 的 4-邻域：用 $N_4(p)$ 表示，包括位于 $(x-1, y)$、$(x+1, y)$、$(x, y-1)$ 和 $(x, y+1)$ 的 4 个元素，分别位于像素 p 的北、南、西和东。

（2）像素 p 的 8-邻域：用 $N_8(p)$ 表示，包括 4-邻域以及位于对角方向上的 4 个像素，即 $(x-1, y-1)$（西北）、$(x-1, y+1)$（东北）、$(x+1, y-1)$（西南）和 $(x+1, y+1)$（东南）。

2．区域连通性

如果一个区域的所有像素对均连接，那么这个区域也是连接的。如果两个相邻像素的值彼此接近，则称两个相邻像素相连，即它们均属于同一灰度子集，具有相同的属性：$p \in V$ 且 $q \in V$，其中 V 是图像中具有同一属性的所有灰度级的子集。连通性有如下两种定义。

（1）4-连接：如果 q 在集合 $N_4(p)$ 中，并且 $p \in V$ 且 $q \in V$，则称两个像素 p 和 q 是 4-连接的。

（2）8-连接：如果 q 在集合 $N_8(p)$ 中，并且 $p \in V$ 且 $q \in V$，则称两个像素 p 和 q 是 8-连接的。

令 R 表示一幅图像所占据的空间区域。分割过程可以看作将 R 划分成多个子区域 $R_1, R_2, \cdots, R_n$ 的问题。

（1）$\bigcup_{i=1}^{n} R_i = R$，其中 R_i 是一个连通集，$i = 1, \cdots, n$。

（2）$R_i \cap R_j = \varnothing$，对于所有的 i 和 j，$i \neq j$。

（3）$Q(R_i) = \text{TRUE}$，$i = 1, \cdots, n$。

（4）$Q(R_i \cup R_j) = \text{FALSE}$，对于任何邻接区域 R_i 和 R_j，其中 $Q(R_i)$ 为定义在区域 R_i 上的谓词。

属性（1）意味着完全分割，也就是说，每个像素必须在一个区域内，并且同一个区域中的点必须以某种预定义的方式来连接（如 4-连接或 8-连接）。属性（2）表示各个区域绝对不相交。属性（3）要求属于某一区域的像素必须满足谓词 Q。例如，如果 R_i 中的所有像素的平均灰度级小于 m 且其标准偏差小于 σ，则 $Q(R_i) = \text{TRUE}$。属性（4）表示两个区域 R_i 和 R_j 在谓词 Q 的意义上是不同的。

7.3 分 割 方 法

现有多种方法可用于图像分割，使用者可根据具体应用和成像模式进行选择。图像伪影（如噪声、部分容积效应、运动等）也会对分割算法的性能产生重要影响。图像分割的主要方法可以按照以下方式分组。

- ❑ 基于不连续性的方法。一些分割方法（如阈值分割方法）根据灰度、颜色或其他属性中的不连续点来寻找区域之间的边界。阈值方法通过创建图像强度的二值分割来分割图像。阈值化过程尝试确定一个称之为阈值的强度值，用于分离所需的类。然后通过将所有强度大于阈值的像素分组到一个类中，将所有其他像素分组到另一个类中来实现分割。更多细节见第 8 章。

- ❑ 基于区域的方法。基于区域的分割方法是一种直接寻找区域的技术。其中一个基本方法是区域生长，它根据预定义的生长准则将像素或子区域分组为更大的区域。基本方法包括选择一组"种子"点，并通过判断是否应该将像素邻域中的像素添加到这些区域来迭代地从这些生长区域中选择"种子"点。

另一类用于图像分割的方法，也是本书所考虑的方法，即为聚类方法。聚类是将一组点（特征向量）分组到子集（称为聚类）的过程，使得同一聚类中的点在某种意义上是相似的[13]。若将聚类应用在图像分割中，还需要考虑空间信息。为此，一种常见的策略是将图像分割成若干块，并为每个子块提取若干局部特征。紧接着，对这些特征应用聚类算法，得到一个预定义的聚类数目。"干脆"聚类和模糊聚类方案均可用于图像分割问题。模糊技术显示出比"干脆"算法更强的鲁棒性，尤其是在图像具有某种形式的模糊时，例如对比度差、有噪声和在强度值上存在不均匀性等。

在模糊聚类算法中，最为常用的是众所周知的模糊 C-均值算法（FCM）。尽管 FCM 得到了广泛的应用，但由于它没有包含任何空间相关信息，分割效果并不总是很好，而这又是最为基本的，因为所得到的区域很可能是不相交的、不规则的和有噪声的。为实现更加有效的分割结果，在传统 FCM 算法的基础上，现已有若干技术实现了将局部空间信息融合到聚类方案中[1, 5, 19, 21]。接下来主要介绍"干脆"聚类、模糊聚类和空间模糊聚类算法。一个 ImageJ 插件可实现上述 3 种聚类算法[20]。

7.3.1 "干脆"聚类

传统（"干脆"）的聚类方法假设数据集的每个点均属于一个聚类。划分"干脆"

聚类的主要例子是 K-均值算法[14]。虽然 K-均值算法从提出到现在已有 50 多年历史，但由于其实现的简单性和有效性，迄今为止仍是使用最多的聚类算法。

K-均值聚类旨在将 N 个点分割到 K 个分区（聚类）中，其中每个点属于均值最近的聚类。令 $X = \{x_1, x_2, \cdots, x_n\}$ 为数据点集合，$V = \{c_1, c_2, \cdots, c_k\}$ 是聚类均值（中心）的集合。将 X 划分为 K 个聚类的过程可使用 $C_1 \bigcup \cdots \bigcup C_K = X$ 来表示，其中集合 $C_1, \cdots, C_K$ 互不相交。为了表示将 X 划分为 K 个聚类，将使用一个二值隶属度矩阵 $U = [u_{ik}]$，如果 $x_i \in C_k$，则 $u_{ik} = 1$，否则 $u_{ik} = 0$，其中 $i = 1, \cdots, N$，$k = 1, \cdots, K$。

K-均值算法的目标是最小化同一聚类内点之间的距离并最大化聚类之间的距离。该目标可通过最小化以下目标函数得到：

$$J = \sum_{i=1}^{N} \sum_{k=1}^{K} u_{ik} \, d(x_i, c_k)^2 \tag{7.1}$$

其中，$d(\cdot, \cdot)$ 为欧氏距离。

采用 K-均值算法进行图像分割的主要步骤如下。

（1）固定参数 K（聚类数）并初始化聚类中心 $c_k (k = 1, \cdots, K)$，初始化聚类中心可随机地选取或基于某种启发式函数。

（2）将图像中的每个像素分配给最小化像素和聚类中心之间的距离的聚类。

（3）通过对各聚类中的所有像素求平均值，重新计算聚类中心，即：

$$c_k = \frac{1}{|C_k|} \sum_{x_i \in C_k} x_i, \; k = 1, \cdots, K \tag{7.2}$$

（4）重复步骤（2）和（3），直到收敛（即像素到聚类的归属关系不再改变）。

K-均值算法的一个主要问题是聚类结果严重依赖于聚类中心的初始化和聚类数量。此外，K-均值通常收敛到局部极小值而没有考虑数据分布。

7.3.2　模糊聚类

模糊聚类方法是假设每个数据点均属于多个隶属度不同的聚类，不同聚类之间的边界模糊。主要的模糊聚类算法是 K-均值的模糊版本，称为模糊 C-均值算法（FCM）[3]。FCM 是一种基于最小化如下目标函数的划分聚类方法：

$$J = \sum_{i=1}^{N} \sum_{k=1}^{K} (u_{ik})^m d(x_i, c_k)^2, \; 1 < m < \infty \tag{7.3}$$

其中，$d(x_i, c_k)$ 是点 x_i 和聚类中心 c_k 之间的距离；m 为模糊参数；K 为聚类的个数；N 是数据点 x_i 的数量；$u_{ik} \in [0, 1]$ 为 x_i 属于聚类 k 的隶属度，计算公式如下：

$$u_{ik} = \frac{1}{\sum_{l=1}^{K} \left(\frac{d(\boldsymbol{x}_i, \boldsymbol{c}_k)}{d(\boldsymbol{x}_i, \boldsymbol{c}_l)} \right)^{\frac{2}{m-1}}} \qquad (7.4)$$

其中，$i = 1, \cdots, N$，$k = 1, \cdots, K$。使用模糊隶属度矩阵 $\boldsymbol{U} = [u_{ik}]$，第 k 个质心的新位置计算如下：

$$c_k = \frac{\sum_{i=1}^{N} (u_{ik})^m \boldsymbol{x}_i}{\sum_{i=1}^{N} (u_{ik})^m} \qquad (7.5)$$

其中，$\sum_i u_{ik} = 1$。

给定初始参数（聚类的个数 K 和模糊性参数 m），FCM 根据式（7.4）迭代计算矩阵 $\boldsymbol{U}$，接着根据式（7.5）更新质心位置。当迭代次数达到预设值时，或者用 J 表示的目标函数增长量非常小时，算法终止。参数 m 决定聚类过程的模糊度。如果 $m = 1$，则模糊 C-均值算法近似于"干脆"的 K-均值算法，此时的隶属度值仅为 0 或 1。通常，$m = 2$。

由式（7.3）可以看出，FCM 不包含观测结果间的任何空间依赖关系。这可能会降低图像分割时的整体聚类结果，因为相邻区域可能高度相关，所以它们应该属于同一个聚类。

7.3.3 空间模糊聚类

若用于图像分割，聚类应考虑像素的空间信息。为此，现已存若干 FCM 方法的空间变体。其中，空间 FCM（SFCM）[7] 使用的空间函数为：

$$h_{ij} = \sum_{k \in NB(\boldsymbol{x}_i)} u_{ik} \qquad (7.6)$$

其中，$NB(\boldsymbol{x}_i)$ 表示像素 $\boldsymbol{x}_i$ 在空间域中的邻域。与隶属度函数一样，空间函数 h_{ij} 表示像素 $\boldsymbol{x}_i$ 属于第 j 个聚类的隶属度。

对于一个像素，如果其大多数相邻像素均属于同一聚类，则对该聚类而言，该像素的空间函数值则应该较大。空间函数根据相邻像素的隶属度统计量对像素的隶属度函数按照如下公式进行修正：

$$u_{ij} = \frac{u_{ij}^p h_{ij}^q}{\sum_{k=1}^{K} u_{ik}^p h_{ik}^q} \qquad (7.7)$$

其中，参数 p 和 q 控制两个函数的相对重要性。SFCM 的每次迭代均包括以下两个步骤。第一步与标准 FCM 方法相同，计算特征域中的隶属度函数。第二步将每个像素的隶属度信息映射到空间域，然后基于此计算空间函数。其实质是使用结合了空间函数的新的隶属度实施 FCM 算法的迭代过程。

7.4　应用实例：彩色分割

本节给出了使用不同聚类方法进行彩色图像分割的一些比较结果。这些结果通过 ImageJ 插件 SFCM[20]得以实现（见附录 A）。SFCM 插件包括以下聚类插件：Jarek Sacha's K-Means[12]、K-Means、Fuzzy C-Means 和 Spatial Fuzzy C-Means[7]。

SFCM 插件可以在不同的颜色空间中工作，支持的颜色空间包括 XYZ、La*b*和 HSB。首先将 RGB 彩色图像转换到 HSB、XYZ 或 La*b*颜色空间，然后在新的颜色空间中分割图像。该插件的其他特点有：经由 K-Means++实现的聚类质心的智能初始化、加速收敛、终止准则的选择（迭代次数、参数矩阵的范数等）、用于结果可视化的不同方法等。该插件配置支持选择以下参数。

- ❑　聚类个数。
- ❑　最大迭代次数。
- ❑　终止准则的选择。
- ❑　容差值（Tolerance value）：用于终止算法的阈值。
- ❑　聚类中心和隶属度矩阵的初始化准则（K-Means++或 Random）。
- ❑　随机种子：为整数，用于初始化一个随机数序列的种子。
- ❑　模糊值 m：如果 m 接近 1，则结果与 K-均值所得结果相似。
- ❑　参数 p 和 q 用于控制隶属度和空间函数的相对重要性。
- ❑　半径 r：空间函数在以当前像素为中心的 $(2r+1) \times (2r+1)$ 窗口上求值。
- ❑　可视化模式，用于显示分割后的图像。区域可以用不同的方式标记。
  - ➢　使用聚类质心颜色：用聚类质心的颜色标记该聚类内的每一点（颜色转换时，颜色空间转换回 RGB）。
  - ➢　使用灰度级：每个像素以其所属聚类序号为标记，此时的序号范围已扩展为 0～255。
  - ➢　使用随机 RGB 颜色：为每个聚类生成一个随机 RGB 值。
  - ➢　使用二值堆栈：此时聚类表示为一个二值图像堆栈。每个二值图像代表一个聚类，每个像素代表一个硬聚类隶属度。因此，可以通过在堆栈的一层和原始图像之间执行 AND 操作，从原始图像中提取聚类区域。
  - ➢　使用模糊堆栈：使用灰度图像堆栈显示每个像素与每个聚类的隶属度值。每个像素代表原始图像中该像素在当前所选聚类中的软聚类隶属度值。

图 7.1 是彩色图像分割的一个例子，分别使用 K-均值插件（见图 7.1（b））、FCM 插件（见图 7.1（c））和 SFCM 插件（见图 7.1（d）～图 7.1（f））将 RGB 图像分割为 7 个聚类。可以看出，SFCM 聚类通过增大空间函数的半径，减少了虚假斑点的数量，提供了更加均匀的区域。图 7.2 分别展示了在原始图像中检测到的红色区域和黄色区域。

（a）原始图像

（b）使用 K-均值聚类方法
（$K=7$）所得分割图像

（c）使用 FCM（$K=7$，$m=2$）
所得分割图像

（d）使用 SFCM（$K=7$，$p=1$，
$q=2$，$r=2$）所得分割图像

（e）使用 SFCM（$K=7$，$p=1$，
$q=2$，$r=4$）所得分割图像

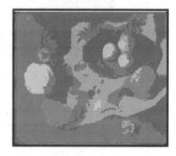

（f）使用 SFCM（$K=7$，$p=1$，
$q=2$，$r=6$）所得分割图像

图 7.1 彩色图像分割示例

（a）红色区域

（b）黄色区域

图 7.2 对应于图 7.1 的聚类结果

作为医学领域的一个例子，我们考虑了带有肿瘤的大脑 MR 图像（见图 7.3（a））。在这种情况下，分割的目的是检测感兴趣的大脑中的内容，包括白质、灰质、脑脊液和肿瘤区域。原始的 MR 图像是 RGB 格式的灰度图像，因此每个颜色分量均具有相同的值。我们分别使用 K-均值插件（见图 7.3（b））、FCM 插件（见图 7.3（c））和 SFCM 插件（见图 7.3（d））将图像分割成 5 个聚类。可以看出，SFCM 聚类减少了虚假斑点的数量，提供了更加均匀的区域。图 7.4 分别展示了与聚类 3 和聚类 5 相对应的区域。

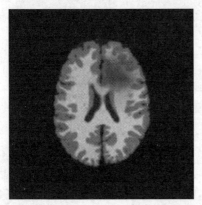

（a）原始图像

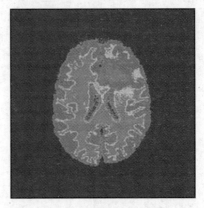

（b）使用 K-均值聚类方法（$K=5$）
所得分割图像

（c）使用 FCM（$K=5$，$m=3$）
所得分割图像

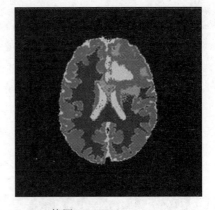

（d）使用 SFCM（$K=5$，$m=2$，
$p=1$，$q=2$，$r=4$）所得分割图像

图 7.3　带肿瘤的大脑 MR 图像

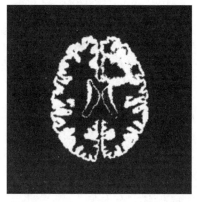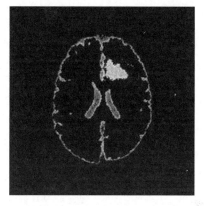

（a）图 7.3（d）分割结果图像的聚类 3　　（b）图 7.3（d）分割结果图像的聚类 5

图 7.4　与聚类 3 和聚类 5 对应的区域

7.5　应用实例：纹理分割

本节介绍使用空间模糊聚类算法（SFCM）在纹理信息基础上分割生物图像的另一种应用[4]，我们阐述了自动分析人类卵母细胞细胞质的问题，以评估它们在辅助受精过程中的质量。这项工作的最终目标是通过一个系统，推导出卵母细胞细胞质中的不同颗粒状区域的描述，从而支持临床医生对卵母细胞的评分[2]。卵母细胞成熟质量评估的一个基本步骤是对整个细胞质区域进行分析，以发现单个卵母细胞细胞质内具有不同颗粒度级别的区域。是否存在一种被称为极化或晕环效应的特殊的区域是该分析的关注点，极化或晕环效应已被其他文献研究过，可谓另外一个重要因子。因此，在整个细胞质区检测不同的颗粒状区域具有重要的意义。我们将空间模糊聚类算法（SFCM）应用于纹理特征[7]，根据颗粒度将胞质区域分割为不同的区域。首先从卵母细胞图像中提取细胞质区域，然后将空间模糊聚类算法（SFCM）应用于一些纹理描述子上。

首先，提取卵母细胞内与细胞质相对应的圆形区域。事实上，卵母细胞的不同部分在图像中均是可见的，如透明带和包围细胞质区域的卵周隙。为了提取代表感兴趣区域（ROI）的细胞质区域，我们首先假设细胞质的形状近似为一个圆。接下来，执行以下步骤：（1）获取梯度图像；（2）利用梯度图像获取可能属于不同半径圆周的点；（3）选择逼近细胞质边界的最佳圆周（逼近度最好）。在步骤（2）中，我们使用霍夫变换得到属于不同圆的图像点。霍夫变换是一种强大的技术[18]，可以用于分离图像中特定形状的特征，最常用于检测规则曲线，如直线、圆等。霍夫变换的主要优点是它能容忍曲线描述中的间隙，并且相对不受图像噪声的影响。图 7.5（a）给出了图 7.6（a）中图像拟合前的霍夫空间。

　　（a）霍夫空间　　　　　　　　　（b）逼近细胞质边界的最佳圆周

　　　　　　　　　　　　　　　　　　　　（逼近度最好）

图 7.5　拟合前的霍夫空间和最佳圆周

　　一旦检测到细胞质 ROI，就将其分成 $w \times w$ 像素块。对于每个块 j，可以得到一个特征向量 $\boldsymbol{x}_j$，它根据以下一阶统计特性描述其纹理。

- 　均值和方差。
- 　相对光滑度的度量。
- 　三阶矩，用于度量直方图的对称性。
- 　均匀度的度量，图像的灰度级相等时，该值最大。
- 　平均熵的度量，若为常值图像，该值为 0。

　　这些特征是在每个块的多分辨率分解的第一级上计算得到的。更具体地说，这些特征基于 Haar 小波分解得到的子带直方图来计算[8, 15]。这里，我们采用空间模糊聚类方法对提取的特征进行分割，即首先根据式（7.4）计算特征域中的隶属度函数，然后通过计算空间函数更新这些值，如下所示：

$$h_{ij} = \sum_{k \in NB(b_j)} u_{ik} \tag{7.8}$$

　　其中，$NB(b_j)$ 为第 j 块的邻域集合，该邻域由 8×8 形式的块组成。因此，在本例中，空间函数 h_{ij} 表示子块 b_j 属于第 i 个聚类的隶属度。应用空间模糊聚类后，采用去模糊化将每个子块分配到计算所得隶属度最大的聚类中。因此，我们的方法提供了一个分割 ROI，其中区域由从特征空间中获得的聚类组成。

　　图 7.6 展示了一个人类卵母细胞光学显微镜图像分割的例子，实验图像由意大利那不勒斯菲里德里克第二大学内分泌与分子肿瘤学系提供。图像尺寸为 1280px×960px。首先，利用霍夫变换对图像进行处理，以检测逼近卵母细胞质真实形状的最佳拟合圆（见图 7.6（a））。上述过程是通过搜索半径 R 范围从 230～250px 的已知圆来实现的。

　　细胞质的圆形区域一旦被确定，即可提取包围圆形区域的方形 ROI（见图 7.6（b））。

该阶段所涉及的所有步骤均借助 ImageJ 插件 Hough-circles 得以实现[17]（见附录 A），然后将提取的 ROI 分割成块（见图 7.6（c）），并从每个子块中提取纹理特征。

对聚类算法的块尺寸（即 8×8、12×12、24×24、32×32）以及参数 p、q 进行了多次调试，以 8×8 块为最佳。图 7.6（d）～图 7.6（f）展示了使用 FCM 和 SFCM 的分割结果。可以看出，传统的 FCM 将 ROI 图像分割成 3 个质量较差的聚类，其中一个聚类的虚假斑点出现在了另外一个聚类中。SFCM 大大减少了虚假斑点的数量，因此所得区域更加均匀。

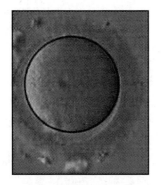

（a）逼近细胞质的最佳拟合圆

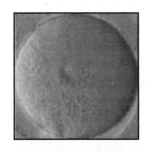

（b）检测所得细胞质 ROI

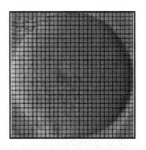

（c）对提取的 ROI 进行方块划分

（d）使用 FCM 所得分割图像

（e）使用 SFCM（$p=1$，$q=1$）
所得分割图像

（f）使用 SFCM（$p=1$，$q=2$）
所得分割图像

图 7.6　细胞质图像的分割

参　考　文　献

[1] Ahmed, M.N., Yamany, S.M., Mohamed, N., Farag, A.A., Moriarty, T.: A modified fuzzy cmeans algorithm for bias field estimation and segmentation of MRI data. IEEE Trans.

Med. Images 21(3), 193–199 (2002)

[2] Basile,T.,Caponetti,L.,Castellano,G.,Sforza,G.:Atexture-basedimageprocessingapproach for the description of human oocyte cytoplasm. IEEE Trans. Instrum. Meas. 59, 2591–2601 (2010)

[3] Bezdek, J.C.: Pattern Recognition with Fuzzy Objective Function Algorithms. Kluwer Academic Publishers, Norwell, MA, USA (1981)

[4] Caponetti, L., Castellano, G., Corsini, V., Basile, T.M.: Cytoplasm image segmentation by spatial fuzzy clustering. In: Fuzzy Logic and Applications, pp. 253-260. Springer, Heidelberg (2011)

[5] Chen, S., Zhang, D.: Robust image segmentation using FCM with spatial constrained based on new kernel-induced distance measure. IEEE Trans. Syst. Man Cybern. 34(4), 1907–1916 (2004)

[6] Cheng, H., Jiang, X., Sun, Y., Wang, J.: Color image segmentation: advances and prospects. Pattern Recognit. 34, 2259–2281 (2001)

[7] Chuang,K.S.,Tzeng,H.L.,Chen,S.,Wu,J.,Chen,T.J.:Fuzzyc-means clustering with spatial information for image segmentation. Comput. Med. Imag. Graph. 30(1), 9–15 (2006)

[8] Daubechies,I.:Ten lectures on wavelets.Philadelphia:Society for industrial and applied math ematics, pp. 198–202 (1992)

[9] Freixenet, J., Munoz, X., Raba, D., Marti, J., Cufi, X.: Yet another survey on image segmentation: region and boundary information integration. In: European Conference on Computer Vision—ECCV 2002, pp. 408-422. Springer, Heidelberg (2002)

[10] Fu, K., Mui, J.: A survey on image segmentation. Pattern Recognit. 13, 3–16 (1981)

[11] Ilea,D.E.,Whelan,P.F.:Image segmentation based on the integration of colour-texture descriptors a review. Pattern Recognit. 44(10), 2479–2501 (2011)

[12] ImageJ Plugin K-means Clustering. Available at: http://ij-plugins.sourceforge.net/ plugins/ segmentation/k-means.html

[13] Jain, A.K., Dubes, R.C.: Algorithms for Clustering Data. Prentice Hall, Upper Saddle (1988)

[14] MacQueen, J.B.: Some Methods for classification and Analysis of Multivariate Observations. In:Proceedings of 5-th Berkeley Symposiumon Mathematical Statistics and Probability,Berkeley. University of California Press, vol. 1, 281–297 (1967)

[15] Mallat,S.:Atheory for multiresolution signal decomposition:the wavelet representation.

IEEE Trans. Pattern Anal. Mach. Intell. 11(7), 674–693 (1989)

[16] Pal, N., Pal, S.: A review on image segmentation techniques. Pattern Recognit. 26(9), 1277– 1294 (1993)

[17] Pistori H., Costa E.R.: ImageJ Plugin Hough Circles. Available at: http://rsb.info. nih.gov/ij/plugins/hough-circles.html

[18] Sklansky, J.: On the hough technique for curve detection. IEEE Trans. Comput. 27(10), 923– 926 (1978)

[19] Tolias, Y., Panas, S.: Image segmentation by a fuzzy clustering algorithm using adaptive spatially constrained membership functions. IEEE Trans. Syst. Man Cybern. Part A. 28(3), 359–369 (1998)

[20] Vergari,A.,Tangari,F.:ImageJ Plugin Spatial Fuzzyc-Means.Availableat:https://sites. google.com/site/cilabuniba/research/sfcm

[21] Wang,X.Y.,Bua,J.:AfastandrobustimagesegmentationusingFCMwithspatialinformation. Digital Signal Process. 20, 1173–1182 (2010)

[22] Zhang,Y.J.:Evaluation and comparison of different segmentation algorithms.Pattern Recognit. Lett. 18, 963–974 (1997)

第8章　形态学分析

当我们的知识之圆扩大时，我们所面临的未知的圆周也在扩大。

——阿尔伯特·爱因斯坦

摘要：模糊数学形态学是利用模糊逻辑技术将二值形态学扩展到灰度图像的一种方法。模糊数学形态学可用于处理具有模糊性和不精确性的图像数据。本章简要介绍了模糊数学形态学的主要概念，以及在低对比度生物图像中应用模糊形态学算子构造形态学梯度的结果。

8.1　数学形态学

数学形态学是分析空间结构的数学框架。它基于几何、代数、拓扑概念以及集合论。数学形态学背后的主要思想是通过在同一幅图像的不同部分叠放小图案（称为结构元）来评估图像的几何结构。

起初，发展数学形态学是为了解决二值图像相关问题，它使用集合论和几何中的简单概念，如集合的包含、交集、并集、互补和平移。这就产生了一组称为形态学算子的工具，它们尤为适用于分析二值图像中的形状和结构。因此，数学形态学提供了一种基于形状的数字图像处理方法。如果使用得当，数学形态学操作可以有效地提取基本形状特征并消除不相关信息。

集合论是数学形态学的语言。集合在数学形态学中表示图像中的对象。例如，二值图像中所有黑色像素所组成的集合是对图像的一个完整形态学描述。这些集合是二维整数空间 $\mathbb{Z}^2$ 的成员，集合的每个元素均是一个元组，其坐标是图像的一个黑色像素（也可能为白色像素，与约定有关）的坐标 (x, y)。灰度数字图像可以表示为其分量属于 $\mathbb{Z}^3$ 的集合。在这种情况下，每个元素的前两个分量表示该像素的坐标，第三个分量对应其离散灰度值。

集合论的基本运算有并、交、补、差、反射和平移。数学形态学的基本运算是膨胀、腐蚀、开运算和闭运算[9, 13]。膨胀和腐蚀居于原始算子的重要地位，其他算子均可从这两个原始算子衍生而来。这些算子基于集合论中的运算而定义，包括并、交、补、差、反射和平移。给定图像 A 和二值结构元素 B，其中 A 和 B 均为 $\mathbb{Z}^2$ 的子集，形态学算子定义如下。

1. 膨胀

B 对 A 的膨胀定义为：

$$\delta_B(A) = A \oplus B = \bigcup_{y \in B} A_y = \left\{ y \in \mathbb{Z}^2 \, \middle| \, \breve{B}_y \bigcap A \neq \varnothing \right\} \tag{8.1}$$

其中，B_y 表示 B 沿向量 y 的平移，即 $B_y = \{b + y \,|\, b \in B\}$，$\breve{B}$ 表示 B 沿原点的反射，即 $\breve{B} = \{-b \,|\, b \in B\}$。换句话说，由结构元素 B 实现的对图像 A 的膨胀，是所有使得 A 和 $\breve{B}$ 至少有一个元素重叠的平移 y 的并集。为了计算结构元素 B 对二值图像 A 的膨胀，我们将矩阵 B 覆盖在图像上，B 的原点与当前像素相对应。如果 B 的中心与图像 A 的前景像素相对应，则将当前像素值设为 1。该算子对于二值图像的作用是扩大前景像素区域的边界（通常为白色像素）。在图 8.1（c）中，展示了一个将膨胀算子应用于二值图像的例子。可以看出，前景区域（黑色）像素的面积明显增加，区域之间的空白被填充。该算子扩张或膨胀黑色区域并填充空白。

2. 腐蚀

B 对 A 的腐蚀定义为：

$$A \ominus B = \left\{ y \in \mathbb{Z}^2 \, \middle| \, B_y \subseteq A \right\} \tag{8.2}$$

换句话说，B 对 A 的腐蚀是所有点 y 的集合，使得 B 经过 y 平移后包含在 A 中。膨胀和腐蚀之间存在一种最为重要的关系——伴随关系，定义如下：

$$I \oplus B \subseteq A \Leftrightarrow I \subseteq A \ominus B \tag{8.3}$$

伴随关系被认为是膨胀和腐蚀之间最为普遍的关系，也是最为强大的对偶关系。一般来说，膨胀和腐蚀不是逆算子。更具体地说，如果一个图像 A 先被结构元素 B 腐蚀，然后被其膨胀，其结果集不是原始集 A，而是其子集（参见图 8.1 所示的例子）。在大多数情况下，该集合比 A 小，称为 B 对 A 的开运算，用 $A \circ B$ 表示。

3. 开运算

二值结构元素 B 对二值图像 A 的开运算定义如下：

$$A \circ B = (A \ominus B) \oplus B \tag{8.4}$$

开运算 $A \circ B$ 的几何解释：开运算是包含在 A 中的所有 B 的平移的并。因此，二值开运算能够抑制微小峰值并消除其他微小细节。在上述任一情况下，迭代应用膨胀和腐蚀的结果是消除了比所使用的结构元素小的特定图像细节。

（a）原始二值图像

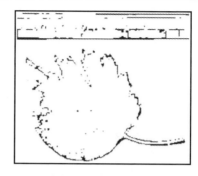
（b）通过腐蚀（a）所得的二值图像

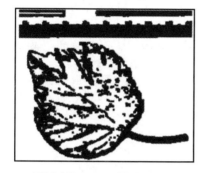
（c）通过膨胀（a）所得的二值图像

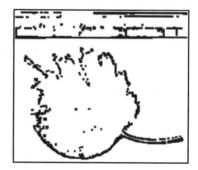
（d）通过膨胀（b）所得的二值图像

图 8.1　二值图像示例

4．闭运算

　　如果用 B 对 A 先膨胀后腐蚀，就得到了一个包含原始集 A 的集合，而且在大多数情况下，该集合比 A 大，称为 B 对 A 的闭运算，用 $A \bullet B$ 表示。在形式上，二值结构元素 B 对二值图像 A 的闭运算定义如下：

$$A \bullet B = (A \oplus B) \ominus B \tag{8.5}$$

　　如果在式（8.5）中应用腐蚀和膨胀的定义，可得到闭运算 $A \bullet B$ 的几何解释，其结果由所有满足以下条件的点 $y \in \mathbb{Z}^2$ 组成：任何包含 y 的 B 的平移均与 A 有非空交集。因此，二值闭运算将填补轮廓上的小间隙，消除小孔，熔断狭窄的断裂和长薄的边线，平滑轮廓。

　　可以使用两种形态算子的差运算的结果来定义它们的残差。第一种残差是形态学梯度，可以作为边缘检测器和形态学分割的第一个逼近。值得注意的是，膨胀和腐蚀的组合可生成二值图像上的其他算子，如连通分量和区域填充。

8.2　模糊形态学

当处理灰度图像时，不能应用布尔逻辑。因此，需要扩展二值形态学算子。模糊数学形态学给出了一种可能的扩展，即利用模糊集理论中的算子对二值形态学进行推广[2, 5, 6, 8]。利用形态学中的模糊集概念，可以表示从信号级到最高决策级不同层级的不精确性和不确定性[2, 7, 13]。

用于构造模糊形态学算子的模糊算子有合取算子和蕴涵算子①。其基本思想是分别在膨胀和腐蚀的定义中使用模糊合取和蕴涵关系，其中的模糊算子是逻辑算子布尔合取和布尔蕴涵的扩展[5]。关于模糊合取算子 $\mathscr{C}$②和蕴涵算子 $\mathscr{I}$ 的定义，现已有若干种形式[2, 4, 6, 7]。下面介绍最为常用的一种。给定一个模糊集 $A(x)$，其中 x 是论域 X 的一个元素，定义在 t 范数下的合取算子 $\mathscr{C}$，具有如下形式。

❏　最小：$M(x; y) = \min(x; y)$。

❏　代数乘积：$P(x; y) = x \cdot y$。

❏　Lukasiewicz t-范数：$W(x; y) = \max(0; x + y - 1)$。③

蕴含算子 $\mathscr{I}$ 定义形式如下。

❏　Kleene-Dienes 蕴含：$I_{KD}(x; y) = \max(1 - x; y)$。④

❏　Reichenbac 蕴含：$I_R(x; y) = 1 - x + x \cdot y$。⑤

❏　Lukasiewicz 蕴含：$I_L(x; y) = \min(1; 1 - x + y)$。⑥

使用扩展逻辑算子，可以将二值膨胀和二值腐蚀的定义（8.1）和（8.2）模糊化如下。

设 A 为灰度图像，B 为灰度结构元素，两者均表示为 ³ 的子集。为了将它们建模为模糊集，需选用任一隶属度函数将 A 和 B 的值映射到 [0, 1] 中。一旦 A 和 B 均被模糊化，即可使用定义在模糊集框架下的形态学算子。设 $\mathscr{C}$ 为模糊合取算子，$\mathscr{I}$ 为模糊蕴涵算子。B 对 A 的模糊膨胀、模糊腐蚀所生成的灰度图像定义如下：

$$D_{\mathscr{C}}(A, B)(y) = \sup_x \mathscr{C}(B(x - y), A(x)) \tag{8.6}$$

$$E_{\mathscr{I}}(A, B)(y) = \inf_x \mathscr{I}(B(x - y), A(x)) \tag{8.7}$$

---

① 此节对于模糊合取算子和蕴涵算子存在重复定义，经与原著作者确认，合并所引用的文献，并删除第二种定义。——译者注

② 关于合取算子符号，原著混用了符号 C 及其花体 $\mathscr{C}$，为统一起见，这里均使用 $\mathscr{C}$。——译者注

③ 原著有误，原公式为 $W(x; y) = \max(0; x + y1)$，已与作者确认。——译者注

④ 原著有误，原公式为 $IKD(x; y) = \max(1 - x; y)$，已与作者确认。——译者注

⑤ 原著有误，原公式为 $IR(x; y) = 1 - x + x \cdot y$，已与作者确认。——译者注

⑥ 原著有误，原公式为 $IL(x; y) = \min(1; 1 - x + y)$，已与作者确认。——译者注

模糊闭运算和模糊开运算以二值形式进行定义：

$$C_{\mathscr{C},\mathscr{I}}(A,B)(y)=E_{\mathscr{I}}(D_{\mathscr{C}}(A,B),-B)(y) \qquad (8.8)^{①}$$

$$O_{\mathscr{C},\mathscr{I}}(A,B)(y)=D_{\mathscr{C}}(E_{\mathscr{I}}(A,B),-B)(y) \qquad (8.9)$$

其中，灰度构造元素 B 的反射由 $-B(x)=B(-x)$，$\forall x\in{}^{2}$ 定义。

结合式（8.6）和式（8.7）中 $\mathscr{C}$ 和 $\mathscr{I}$ 的定义，可以得到不同类型的模糊膨胀/腐蚀算子，即 Kleene-Dienes、Reichenbach 和 Lukasiewicz 算子，如表 8.1 所示。

表 8.1　不同类型的模糊膨胀/腐蚀算子

算　　子	$\mathscr{C}$	$\mathscr{I}$	膨胀算子 $D(A,B)(y)$	腐蚀算子 $E(A,B)(y)$
Kleene-Dienes	M	I_{KD}	$\sup_x\min(B(x-y),A(x))$	$\inf_x\max(1-B(x-y),A(x))$
Reichenbach	P	I_R	$\sup_x(B(x-y)A(x))$	$\inf_x(B(x-y)A(x)+1-B(x-y))$
Lukasiewicz	W	I_L	$\sup_x\max[0,B(x-y)+A(x)-1]$	$\inf_x\min[1,1-B(x-y)+A(x)]$

1. 形态学梯度

膨胀和腐蚀的结合促成了灰度图像上的一些算子，如图像平滑算子和梯度算子。特别是形态学梯度，即所谓的 Beucher 梯度[1]，为膨胀图像与腐蚀图像、膨胀图像与原始图像或原始图像与其腐蚀图像间的残差。形态学梯度的应用增强了给定邻域内像素强度的变化，因此常用于边缘检测和分割。利用模糊膨胀和模糊腐蚀可定义模糊形态学梯度如下：

$$\nabla_{\mathscr{C},\mathscr{I}}(A,B)=A-E_{\mathscr{I}}(A,B)$$

$$\nabla_{\mathscr{C},\mathscr{I}}(A,B)=D_{\mathscr{C}}(A,B)-A$$

$$\nabla_{\mathscr{C},\mathscr{I}}(A,B)=D_{\mathscr{C}}(A,B)-E_{\mathscr{I}}(A,B)$$

其中，$\mathscr{C}$ 为合取算子，$\mathscr{I}$ 为蕴涵算子。

该算子强化输入图像中的灰度级过渡，使其更加明显（见图 8.2）。它提供了一种合适的方法来获取并表示图像中物体的软边。在 8.3 节，我们将展示如何使用模糊形态学梯度提取生物图像中的软边。

2. 形态学平滑

图像平滑可以通过先进行开运算、后进行闭运算来实现。这两个算子的结果既衰减了亮伪影，也衰减了暗伪影。

---

① 原著式（8.8）和式（8.9）中蕴含算子符号混用了 I 和其花体 $\mathscr{I}$，这里统一使用 $\mathscr{I}$。——译者注

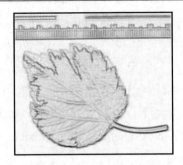

（a）原始彩色图像　　　　　　（b）通过对（a）的每个 RGB 分量
　　　　　　　　　　　　　　　应用形态学梯度所得图像

图 8.2　形态学梯度应用示例

8.3　应用实例：生物图像分割

本节将展示如何应用形态学算子以分割卵母细胞图像。给定卵母细胞的显微镜图像，这里面临的问题是将卵母细胞区域与其他元素（背景、注射针等）分离，以便从卵母细胞中提取重要区域，如细胞质和透明带。图 8.3 展示了一个含有待删除的无用元素的卵母细胞图像。

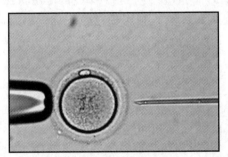

图 8.3　生物图像样本

这一过程是分析卵母细胞成熟度的关键步骤，而卵母细胞成熟度可能会直接关系到胞浆内精子注射技术（ICSI）的成功率[10, 14]。目前已存在若干公认的参数以评估卵母细胞的质量，可用这些参数分析卵母细胞的成熟度：卵母细胞和细胞质的直径、颗粒度（无论是在中心还是在边界上、是否均匀）、细胞质折射颗粒和液泡的存在及其大小、透明带厚度、第一极性直径以及与第一极性直径相对应的卵周隙维度、纺锤体双折射和细胞外的先天性畸形[3, 14]。因此，从图像中提取卵母细胞以进行进一步的处理，在医学应用领域具有重要的基础意义。

　　针对卵母细胞区域提取问题，一些学者提出了一种利用形态学重建算子去除边缘接触物的方法[4]。事实上，与卵母细胞图像边界相连接的区域与后续图像分析无关。此外，可能会出现图像中含有多个卵母细胞的情形，因此分割过程应能够正确地分离图像中存在的不同卵母细胞的区域，以便进行进一步的分析。

　　为了从整个图像中提取卵母细胞区域，可执行两个主要步骤[4]：首先进行基于模糊形态学梯度的软边缘检测，然后进行形态学重建。值得注意的是，为了简化形态学重建步骤，需要对生成的模糊边缘图像进行二值化处理。由于模糊形态学梯度的结果是一个模糊集，因此这里可以采用一种基于模糊性测度最小化的模糊阈值化方法[11]。

1．软边缘检测

　　利用形态学梯度在图像中寻找边缘，进而对结果进行二值化。

　　首先，进行图像的模糊。如 8.2 节所述，这一步可以根据预处理目标，使用不同的隶属度函数来实现。在我们的例子中，使用简单的 N-函数（见式（4.1）），它仅执行一个归一化：

$$N(x) = \begin{cases} 1-(b-x)/w, & b-w \leqslant x \leqslant b \\ 1, & x > b \\ 0, & x < b-w \end{cases} \tag{8.10}$$

其中，b 是图像的最大值，$w = b - a$ 定义取值范围的带宽。

　　所采用的模糊结构元素 B 定义如下：

$$B(i,j) = 1 - (1/4) * (i^2 + j^2)^{1/2}$$

其中，i 和 j 是相对于结构元素中心的项的坐标。基于此模糊化图像，按照如下方式计算模糊形态学梯度：

$$\nabla_{\mathscr{C}\mathscr{I}}(A,B) = D_{\mathscr{C}}(A,B) - E_{\mathscr{I}}(A,B)$$

最后，利用模糊阈值化算法对生成的软边缘图像进行二值化处理[11]。

2．形态学重建

　　在二值化之后，必须删除图像边框周围的干扰元素，如保留针和注射针。

　　为了去除卵母细胞边界周围的无关元素，如保留针和注射针，我们采用了基于数学形态学的重建算子。特别地，我们将粗框边界与图像边界进行交操作以实施重建，该过程去除了与图像左右边界相连的 4-连接微粒。这里采用了基于膨胀和交操作的连通分量提取算法[9]。在下文中，我们将简要描述这种算法。

　　令 X 为包含在区域 A 中的连通分量[①]，B 为结构元素。该算法首先在区域 A 中选择

---

① 若在两像素间存在一条由属于 S 的像素组成的路径，则称此两像素在图像 A 的子集 S 中连通。与像素 $p \in S$ 相连的最大像素集称为 S 的连通分量。——原著作者注

一个点 p （该区域属于初始连通分量 X_0），然后从点 p 开始，执行以下迭代过程：

$$X_k = (X_{k-1} \oplus B) \bigcap A, \, k = 1, 2, 3, \ldots, X_0 = p$$

当 $X_k = X_{k-1}$ 时，该过程停止，并定义 X 等于连通分量 X_k。这样，如果选择图像边界上的一个像素 p 作为初始像素——或左或右——任何连接到图像边界的对象均可以作为一个连通分量进行单独处理，并依次删除。如果假设所有的前景点均标记为 1，那么在每个迭代步骤中与 A 相交的集合去除了以标记为 0 的元素为中心的膨胀。

　　许多情况下，在得到的图像中，物体的内部仍有洞存在。这些洞可以使用填充算法来填充[9]。该算法的目标是将洞看作背景区域，其周围由前景像素的连通边界包围，以此填充图像的区域。它基于膨胀算子、补算子和交算子。首先，在需填充的区域中选择点 p。然后，从该点开始，将属于该区域的所有像素设置为前景色。最后，从原始图像中减去获得的掩模，可在该区域检测到一个边界呈椭圆形的区域，即为卵母细胞的区域。完整的卵母细胞区域提取流程如下。

已知：J 为 8 位灰度图像。

目标：含有卵母细胞的区域 R。

1. $J1 = J$。　/*后续各步作用于 $J1$*/

2. 实施形态学梯度。

3. 实施模糊阈值化。

　　/* 形态学重建*/

4. 实施左右边界上的边界剔除。

5. 实施两个膨胀步骤。

6. 实施孔洞填充。

7. 实施开操作、闭操作。

8. $J2 = J1 - J$。

　　/* 卵母细胞所在区域的提取*/

9. 从 $J2$ 的质心出发沿着该点的 8-邻域所在的方向追踪卵母细胞的射线。

10. 计算射线与图像 $J2$ 相交点的 4 个欧氏距离 (w, n, e, s)，从而分别从西、北、东、南 4 个方向进行追踪。

11. 基于 imageJ 计算卵母细胞的直径和周长。

12. R 即为中心位于 $J2$ 的质心，宽为 $(w+e)$、长为 $(n+s)$ 的边界呈矩形的区域 J。

　　该过程已被实现为 ImageJ 的一个宏，所采用的模糊算子为插件的修改版本[12]。为了给出一些说明性例子，作者将该程序应用于分割人类卵母细胞的显微镜图像，这些图像由意大利那不勒斯菲里德里克第二大学内分泌与分子肿瘤学系提供，采用尼康 Eclipse

TE200 倒置显微镜进行采集。

　　首先，我们提出了利用模糊边缘检测代替像 Sobel 算子这样的"干脆"的边缘检测的必要性。实际上，强边不能够完美地描述分离不够彻底的区域之间的界限。例如，生物图像包含彼此非常靠近的多个细胞，或包含非常靠近卵母细胞的吸液管（注射针和/或保留针）（参见图 8.4 中的一些例子）。使用"干脆"的边缘检测不可能正确地分割这些关键图像。如前一节所述，在应用软边缘检测后删除连通分量可以克服这一限制。

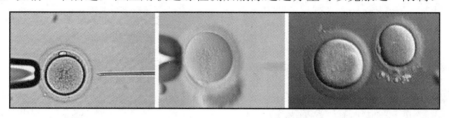

图 8.4　需要软边缘检测的问题案例

　　图 8.5 为对图 8.3 所示样本图像进行软边缘检测的结果，与 Sobel 算子的错误行为相比，该结果较为理想。在经由 Sobel 算子获得的图像中，不仅注射针和保留针被移除，而且卵母细胞区域的重要部分也被移除。另一个例子如图 8.6 所示，它描述了该过程每一步的结果。

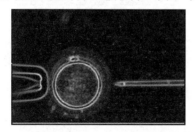

（a）将模糊阈值化应用于模糊梯度图像
所得的二值图像

（b）删除与图像（a）边框连通的分量后
得到的图像

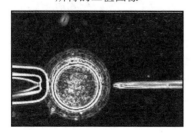

（c）将阈值化应用于 Sobel 梯度图像
所得的二值图像

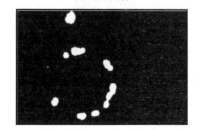

（d）删除与图像（c）边框连通的分
量后得到的图像

图 8.5　图 8.3 中图像连通分量的删除

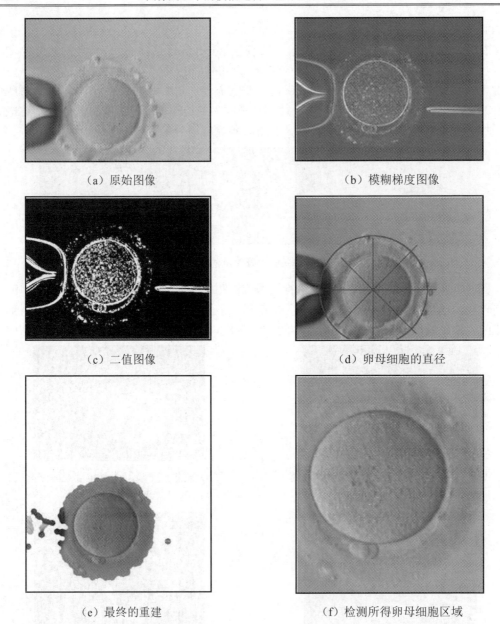

（a）原始图像   （b）模糊梯度图像

（c）二值图像   （d）卵母细胞的直径

（e）最终的重建   （f）检测所得卵母细胞区域

图 8.6 软边缘检测每一步的结果

  模糊（腐蚀/膨胀）算子的选择会影响最终结果。图 8.7 展示了 Kleene-Dienes、Reichenbach 和 Lukasiewicz 算子在样本图像上得到的不同结果。可以看出，相对于其他算子，Kleene-Dienes 算子所产生的边缘最为柔和。结果表明，在该应用领域中，Kleene-Dienes 算子的性能优于其他算子。该算子的行为亦被图 8.8 所示的相关直方图的趋势图所证实。

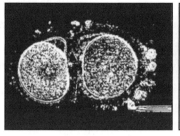 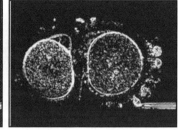 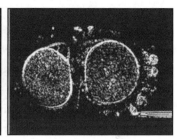

（a）Kleene-Dienes 算子　　　　（b）Reichenbach 算子　　　　（c）Lukasiewicz 算子

图 8.7　采用不同算子所得的二值图像

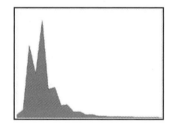 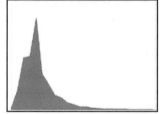 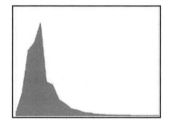

（a）Kleene-Dienes 算子　　　　（b）Reichenbach 算子　　　　（c）Lukasiewicz 算子

图 8.8　采用不同模糊形态学梯度算子所得二值图像的直方图

图 8.9 展示了使用 Kleene-Dienes 算子所定义的模糊膨胀和模糊腐蚀处理样本图像所得结果图像。由图可见，该方法能较好地解决图像中无用部分（保留针和注射针）的删除问题。

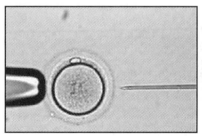 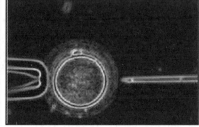 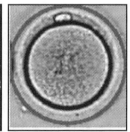

（a）原始图像　　　　　　（b）模糊形态学梯度　　　　（c）检测所得卵母细胞区域

图 8.9　使用 Kleene-Dienes 算子所定义的模糊膨胀和模糊腐蚀处理样本图像所得的结果图像

参 考 文 献

[1] Beucher, S.: Segmentation d'images et morphologiemathmatique.Doctoral dissertation, Ecole Nationale Suprieure des Mines de Paris (1990)

[2] Bloch, I., Maytre, H.: Fuzzy mathematical morphologies: a comparative study. Pattern Recognit. 28, 1341–1387 (1995)

[3] Caponetti, L.,Castellano, G.,Corsini,V., Sforza, G.: Multiresolution texture analysis for human oocyte cytoplasm description. In: Proceedings of the MeMeA09, pp. 150–155 (2009)

[4] Caponetti, L., Castellano, G., Basile, M.T., Corsini, V.: Fuzzy mathematical morphology for biological image segmentation. Appl. Intell. 40(1), 1–11 (2014)

[5] De Baets, B.: Fuzzy morphology: A logical approach. In: Uncertainty Analysis in Engineering and Science: Fuzzy Logic, Statistics, and Neural Network Approach, pp. 53–68. Kluwer Academic Publishers, Norwel (1997)

[6] De Baets, B., Kerre, E.E., Gupta, M.: The fundamentals of fuzzy mathematical morphologies part i: basics concepts. Int. J. Gen. Syst. 23, 155–171 (1995)

[7] Deng, T., Heijmans, H.: Grey-scale morphology based on fuzzy logic. J. Math. Imaging Vis. 16(2), 155–171 (2002)

[8] di Gesú, V., Maccarone, M.C., Tripiciano, M.: Mathematical morphology based on fuzzy operators. Fuzzy Logic 477–486 (1993)

[9] Gonzalez, R.C., Woods, R.E.: Digital Image Processing, 3rd edn. Prentice-Hall Inc, Upper Saddle River, NJ, USA (2006)

[10] Hamamah, S.: Oocyte and embryo quality: is their morphology a good criterion?. Journal de gynecologie, obstetrique et biologie de la reproduction. 34(7 Pt 2), 5S38–5S41 (2005)

[11] Huang, L.-K.,Wang, M.-J.J.: Image thresholding by minimizing the measure of fuzziness. Pattern Recognit. 28(4), 41–51 (1995)

[12] Landini G.: ImageJ plugin Morphology. Available at: http://sites.imagej.net/Landini/

[13] Serra, J.: Image Analysis and Mathematical Morphology. Academic Press Inc., Cambridge (1983)

[14] Wilding, M., DiMatteo, L., DAndretti, S., Montanaro, N., Capobianco, C., Dale, B.: An oocyte score for use in assisted reproduction. Journal of Ass. Repr. Gen. 24(8), 350–358 (2007)

第9章　图像阈值化

逻辑可以将你从 A 带到 B，想象力却可把你带到任何地方。

——阿尔伯特·爱因斯坦

摘要：本章讨论了图像阈值化相关方法，介绍了二级阈值化和多级阈值化等基本概念，还介绍了一个经典的非模糊阈值化方法——Otsu 方法，并介绍了基于模糊熵最小化原理的 Huang 方法。本章最后介绍了一种基于模糊分割技术和神经-模糊分类系统的文档图像分析方法。

9.1　引　　言

阈值化是一种广泛应用于图像分割的技术。直方图阈值化的目的是确定一个阈值，以将图像空间分割成若干有意义的区域。阈值化是许多图像处理任务中必不可少的步骤，例如机器打印文本或手写文本的自动识别、对象形状的识别和图像增强。阈值化处理可应用于表示灰度级、边或其他属性（如均值或纹理）的值。

二级阈值化将图像像素分割为两个区域，其中一个区域包含灰度值小于阈值的像素，另一个区域包含灰度值大于阈值的像素。精确地说，固定值 T，二级阈值化将灰度图像转换为二值图像 $f'(x,y)$：

$$如果 f(x,y) \geqslant T，则 f'(x,y) = 1，否则 f'(x,y) = 0$$

将图像分割成两个以上的区域被称为多级阈值化。通常在这种情况下，图像 $f(x,y)$ 被转换成具有有限灰度级的图像 $f'(x,y)$。令 D_i 表示灰度级的子集，多级阈值化将灰度图像转换为二值图像 $f'(x,y)$：

$$如果 f(x,y) \in D_i \quad i=1,\cdots,r，则 f'(x,y) = i，否则 f'(x,y) = 0$$

一般情况下，阈值位于图像直方图的谷底，阈值化结果取决于分割直方图的谷的深度和宽度。然而，当谷值不那么明显时，阈值将变得难以确定。在过去的十年中，已有许多学者致力于研究如何选择合适的阈值等相关问题[12, 18]。

通常，图像数据的模糊性（由于纹理背景、信息噪声等原因）可能会导致图像中区域的不明确。为解决此问题，现已有若干基于模糊集理论的方法，如在强度和空间域上最小化图像模糊性的方法[6]，以及构造基于代价最小化的图像阈值化处理的模糊熵类[16]。

下面将描述一种主要的经典非模糊方法——Otsu 方法，以及一些基于模糊测度最小化的方法[10]，最后给出一个应用实例[3]。

9.2　Otsu 法

Otsu 方法自动选择阈值 T。为介绍该方法，先给出一些符号。

令 f 表示一幅具有 L 个不同灰度级、大小为 $M \times N$ 个像素的数字图像。n_i 表示灰度级为 i 的像素数，$p_i = n_i / MN$ 表示发生频率。给定阈值 $T(k) = k$，$0 < k < L-1$。图像可被分为以下两类。

❏　C_1：包含灰度值在范围 $[0, k]$ 内的所有像素。

❏　C_2：包含灰度值在范围 $[k + 1, L-1]$[①] 内的所有像素。

像素值被分到类 C_1 的概率称为类 C_1 的发生概率，由如下的累积和公式给出：

$$P_1(k) = \sum_{i=0}^{k} p_i \tag{9.1}$$

类 C_2 的发生概率为：

$$P_2(k) = 1 - P_1(k)$$

分配给类 C_1 和 C_2 的像素的平均灰度值为：

$$m_1(k) = \frac{1}{p_1(k)} \sum_{i=0}^{k} ip_i$$

$$m_2(k) = \frac{1}{p_2(k)} \sum_{i=k+1}^{L-1} ip_i$$

至灰度级 k 的累积均值由下式给出：

$$m_c(k) = \sum_{i=0}^{k} ip_i \tag{9.2}$$

而整个图像的平均灰度（即全局均值）由下式给出：

$$m = \sum_{i=0}^{L-1} ip_i \tag{9.3}$$

[①] 原著为 $[[k + 1, L-1]$。——译者注

基于上述公式，可容易验证下面两个公式的正确性：

$$P_1(k)m_1(k) + P_2(k)m_2(k) = m$$

$$P_1(k) + P_2(k) = 1$$

为了评价灰度级 k 处阈值的质量，使用如下归一化度量：

$$\eta(k) = \frac{\sigma_B^2(k)}{\sigma^2} \tag{9.4}$$

其中，σ^2 是图像中所有像素的灰度方差：

$$\sigma^2 = \sum_{i=0}^{L-1} (i-m)^2 p_i$$

σ_B^2 为类间方差，定义为：

$$\sigma_B^2(k) = P_1(k)(m_1(k)-m)^2 + P_2(k)(m_2(k)-m)^2 \tag{9.5}$$

式（9.5）亦可以写为：

$$\sigma_B^2(k) = P_1(k)P_2(k)(m_1(k)-m_2(k))^2 = \frac{(mP_1(k)-m_c(k))^2}{P_1(k)(1-P_1(k))} \tag{9.6}$$

式（9.6）中的第一个表达式表明，两个均值 m_1 和 m_2 彼此相距越远，σ_B^2 越大。这表明类间方差是类之间的可分性度量。式（9.6）中的第二个表达式的计算更为有效，因为全局均值 m 仅计算一次，故对任何值 k 均仅需计算两个参数：m_c 和 P_1。

Otsu 方法的主要特点是效率高，因为它直接在灰度直方图上操作（例如，由 256 个数字组成的一维列阵），所以一旦计算出直方图，它会变得非常快。

Otsu 算法的主要步骤小结如下。

1. 计算归一化直方图的分量 p_i，其中 $i = 1, \cdots, L-1$。
2. 根据式（9.1）计算 $P_1(k)$，其中 $k = 0, \cdots, L-1$。
3. 根据式（9.2）计算 $m_c(k)$，其中 $k = 0, \cdots, L-1$。
4. 根据式（9.3）计算全局均值 m。
5. 根据式（9.6）计算 $\sigma_B^2(k)$，其中 $k = 0, \cdots, L-1$。
6. 通过最大值化 $\sigma_B^2(k)$ 求解 k 值，得到阈值 k^*。如果最大值不唯一，平均所有最大值 k 以得 k^*。
7. 在 $k = k^*$ 处计算式（9.4），得到可分性度量 η^*。

此外，Otsu 方法是最优的，因为它可以找到最大化类间方差的阈值。图 9.1 展示了使用插件[13]获得的阈值结果例子。

（a）灰度图像及其直方图

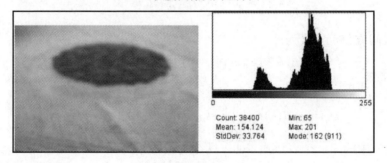

（b）高斯平滑图像及其直方图

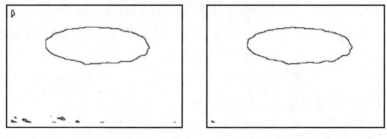

（c）Otsu 阈值化所得的二值图像（$T = 129$）　（d）模糊阈值化所得的二值图像

图 9.1　使用插件获得的阈值结果

9.3　模糊阈值化

数字图像的模糊解释基于以下假设：具有 L 个灰度级、大小为 $M \times N$ 的图像 f 可以关联一个元素为模糊单点 $\mu_{mn} = \mu(f(m,n))$ 的列阵 X，每个单点代表 $f(m,n)$ 在灰度级集合上的隶属度。

在这里，我们将描述模糊阈值化方法[10]，其中隶属度函数 $\mu(f(m,n))$ 是一个表示像

素 (m,n) 在 X 中的模糊性的特征函数。为实现图像的阈值化，图像中的每个像素均应与其所属区域（对象或背景）具有密切的关系。因此，可以利用像素与其所属区域的关系来定义像素在 X 中的隶属度值。令 $h(g)$ 表示图像中灰度级 g 的出现次数。给定一个阈值 t ，背景的平均灰度级 μ_0 、对象的平均灰度级 μ_1 可以分别按照以下方式计算：

$$\mu_0 = \frac{\sum_{g=0}^{t} gh(g)}{\sum_{g=0}^{t} h(g)} \tag{9.7}$$

$$\mu_1 = \frac{\sum_{g=t+1}^{L-1} gh(g)}{\sum_{g=t+1}^{L-1} h(g)} \tag{9.8}$$

值 μ_0 和 μ_1 可以视作给定阈值 t 时的背景目标值和对象目标值。 X 中的像素与其所属区域之间的关系应该直观地取决于其灰度级与其归属区域的目标值之间的差。因此，上述关系应具有以下性质：一个像素，其灰度级与其对应目标值之间的绝对差越小，该像素的隶属度值越大。因此，对于像素 (m,n) ，描述上述关系的隶属度函数可如下定义：

$$\mu_X(x_{mn}) = \frac{1}{1 + \dfrac{|x_{mn} - \mu_0|}{C}}, \ x_{mn} \leqslant t \tag{9.9}$$

$$\mu_X(x_{mn}) = \frac{1}{1 + \dfrac{|x_{mn} - \mu_1|}{C}}, \ x_{mn} \geqslant t \tag{9.10}$$

其中，C 为常值，使得 $\dfrac{1}{2} \leqslant \mu_X(x_{mn}) \leqslant 1$ 。给定阈值 t ，图像中的任一像素均应要么属于对象，要么属于背景区域。因此可预知，任一像素的隶属度值均不小于 $\dfrac{1}{2}$ 。隶属度函数真实地反映了像素与其所属区域之间的关系。如第 4 章所述，模糊性测度表示了一个模糊集的模糊程度[5]，它是一个与模糊集 A 相关联的函数，相应函数值表示其模糊度。对于给定的图像集 X ，模糊性测度应该尽可能小。因而其主要目的是选择一个合适的阈值，以使得 X 的模糊性测度最小。我们考虑基于距离定义如下所示的 Yager 模糊性测度[10]（亦可见式（4.8））：

$$D_p(X, \overline{X}) = \left[\sum_m \sum_n |\mu_{mn} - (1 - \mu_{mn})|^p \right]^{1/p}, \ \text{其中 } p = 1,2,3,\dots \tag{9.11}$$

为方便起见，引入以下变量：

$$S(t) = \sum_{g=0}^{t} h(g), \ \ \overline{S}(t) = \sum_{g=t+1}^{L-1} h(g) \ \text{和} \ \overline{S}(L-1) = 0$$

$$W(t) = \sum_{g=0}^{t} gh(g)，\quad \overline{W}(t) = \sum_{g=t+1}^{L-1} gh(g) \text{ 和 } \overline{W}(L-1) = 0$$

其中，在式（9.1）和式（9.2）中，发生概率 p_i 已用直方图 $h(i)$ 进行了评估。

模糊阈值化算法（Huang 方法）小结如下。

已知：输入图像，其灰度范围为 $[g_{\min}, g_{\max}]$。

目标：最佳阈值。

在式（9.11）中设置参数 p。然后，计算输入图像的 $S(L-1)$ 和 $W(L-1)$。给定阈值 $t = g_{\min}$，令 $S(t-1) = 0$，$W(t-1) = 0$。重复步骤 1～3，直到 $t = g_{\max} - 1$。

1. 计算：

$S(t) = S(t-1) + h(t)$，　$\overline{S}(t) = S(L-1) - S(t)$，

$W(t) = W(t-1) + txh(t)$，　$\overline{f}(t) = W(L-1) - W(t)$。

背景平均灰度级和对象平均灰度级分别为：

$$\mu_0 = \text{int} \left[\frac{W(t)}{S(t)} \right]; \quad \mu_1 = \text{int} \left[\frac{\overline{f}(t)}{\overline{S}(t)} \right]$$

其中，$\text{int}[x]$ 表示取实数 x 附近的整数值。

2. 使用式（4.8）计算输入图像的模糊度。

3. 设 $t = t + 1$。

4. 求最小测度，确定最优阈值。

有时，通过最小化模糊度得到的阈值不一定位于两个峰之间最深的谷中。为了确保阈值位于真正的深谷中，需要定义一个模糊范围，该范围内的测量值等于或小于容差 $\delta = \min + (\max - \min)\alpha\%$，其中 α 为预先给定的值 $0 \leqslant \alpha \leqslant 100$，$\min$ 和 $\max$ 分别为最小、最大模糊度。使用该模糊范围可以进一步确定一个改进阈值 t^*，它是位于灰度直方图深谷中的最佳阈值。换句话说，阈值 t^* 可以根据如下公式得到：

$$\min_g [h(g-1) + h(g) + h(g+1)]$$

其中，g 属于模糊范围。从理论上讲，阈值 t^* 相对于最小化模糊性测度得到的阈值更有可能位于真正的谷底，并且在实践中应该有更好的阈值化结果。

模糊阈值化方法（Huang 方法）具有 Java 插件[11]。

9.4　应用实例：文档图像分析

从文档中提取结构或布局称为文档分析。将布局结构映射到逻辑结构称为文档理解。

文档分析与文档理解是对纸质文档进行自动处理相关任务[14]，能够识别文档内容，简化修订、存储、维护、检索和传输等一系列复杂任务。

本节将重点讨论文档图像分析，该分析提供技术将文档划分为物理组件，包括页面、列、段落、单词、表、图和半色调的层次结构[15]。在这种情况下，将文档页面分割成包含文本、图形、图片或背景等同类信息的相关区域，可以看作构建物理布局和逻辑布局的一个初步阶段。对文档图像的区域进行分类后，即可应用更为具体的技术，例如，文本区域可以用列、段落、文本行、单词和字符进行分隔；接着，单个的词或字符可以转换成 ASCII 之类的字符代码。图形区域（如线条图）可以在诸如强度线、曲线段等基元中进一步分解，然后进行解释。

文档图像分割与分类的方法现已有多种[14, 15]。这里我们所要描述的方法旨在解决两项文档分析任务：在连通域对文档进行分割，并将每个组件分类为文本区域或图形区域。更具体地说，该方法采用模糊技术进行分割，并采用模糊-神经系统进行分类 [2, 3, 7]。

9.4.1　文件分割

采用模糊技术将文档图像分割成均匀区域，即连通域。准确地说，给定一幅文档图像，首先计算模糊梯度，然后将上述模糊阈值化方法（Huang 方法）应用于所得图像，最后对阈值化后的图像应用洪泛填充算子。

该程序的主要步骤与 8.3 节中介绍的用于卵母细胞图像的分割一致。从文档图像中提取连通分量的过程可以概括如下。

已知：f 为 8 位灰色图像。

目标：连通区域集合 R。

/*后续各步作用于 f */

1．实施模糊形态学梯度。

2．实施模糊阈值化。

3．实施膨胀过程。

4．实施孔洞填充。

5．实施开操作和闭操作。

图 9.2 和图 9.3 展示了应用上述过程分割两个文档图像的结果。

　（a）原始文档图像　　　（b）由模糊梯度图像求逆所得图像　　　（c）提取的连通分量

图 9.2　分割文档图像（1）

　（a）原始文档图像　　　（b）由模糊梯度图像求逆所得图像　　　（c）提取的连通分量

图 9.3　分割文档图像（2）

9.4.2　区域分类

本节利用模糊-神经网络将每个分量（或区域）分类为文本、图形或背景。如 3.4.2 节所述，模糊-神经模型是一种基于模糊规则的模型，其规则通过神经网络训练自动定义。在这里，我们将利用模糊-神经网络学习模糊分类规则，实现对已分割文档内文本和非文本（图形）区域的识别。

1. 特征提取

为创建模糊-神经学习的训练集，我们考虑了奥卢大学的文档图像数据库[20]。该数据库包括从杂志、报纸、书籍和手册中扫描的不同页面。每个图像均经过处理以提取如上所述的连通域。然后，对每个区域执行特征提取过程，以描述该区域中文本行是否存在，包括检测该区域的倾斜角 ϕ，其表示穿过该区域的直线的主导方向。由字符和单词组成的文字区域内部，文本行方向将非常规则。文本行的主导方向决定了倾斜角度。

这种规律性可以通过霍夫变换来捕捉[8, 9]。霍夫变换将原始平面上的每一点分别映射到霍夫平面上，该平面描述每一点上通过该点的所有的可能直线，这些直线以斜率和到原点的距离的形式给出。主导线的搜索以及进一步的定向均源于霍夫空间中的峰值。特别地，使得霍夫变换值最大的角度被检测为倾斜角度。检索倾斜角 ϕ 是为了获取该区域的投影轮廓。该轮廓线通过累加沿倾斜角方向的区域内的像素值来计算，从而得到一维投影向量 $\boldsymbol{v}_p$。对于文本区域，$\boldsymbol{v}_p$ 应当具有规则的高频正弦形状，其中峰和谷分别对应文本行和行间空间。相反，无法在图形区域中观察到这种规律。

文本区域在视觉上呈现为定义明确的结构，其线条具有特定的方向和周期性；相反，图形区域呈现均匀性而没有任何特定的结构[8, 19]。这意味着在霍夫空间中，只有文本区域呈现峰值的周期性。现已有若干技术可以用于度量这种周期性，如傅里叶变换、自相关和功率谱密度。为实现对向量 $\boldsymbol{v}_p$ 规律性的度量[2]，这里借助功率谱密度（PSD）[17]分析来实施。事实上，对于较大的文本区域，基于该区域的频率成分，PSD 系数呈现出一个显著的峰值，而对于非文本区域，其频谱几乎是平坦的。然后，对每一区域，在霍夫空间中选择少量数目（n 个）PSD 系数，并将其用作文档图像区域分类器的输入。

含有 n 个系数的向量 $\boldsymbol{x}$ 计算如下：

$$\boldsymbol{x} = |FT(\boldsymbol{v}_p)|^2$$

其中，$FT(\cdot)$ 表示傅里叶变换[1]，$\boldsymbol{v}_p$ 为倾斜角 ϕ 方向上的轮廓向量。

通过处理一组可用的文档区域，生成 P 个输入向量，并将其标记为两个类：文本和非文本。这组标记向量表示用于创建分类器的训练集。

2. 模糊-神经分类器

为了对每一区域（已被编码为具有 n 个系数的向量 $\boldsymbol{X}$）进行分类，这里采用学习模糊分类规则的模糊-神经网络。假设该分类器基于 K 个以下类型的规则：

$$\text{IF}(x_1 \text{ is } A_{1k})\text{AND}\cdots\text{AND}(x_n \text{ is } A_{nk})\text{THEN} \tag{9.12}$$
$$(\boldsymbol{x} \in C_1 \text{ with degree } b_{1k}), (\boldsymbol{x} \in C_2 \text{ with degree } b_{2k})$$

其中，$k = 1, \cdots, K$，K 为规则个数；$\boldsymbol{x} = (x_1, x_2, \cdots, x_n)$ 为输入值（即 n 个 PSD 系数）；A_{ik} 为定义在输入变量上的模糊集；b_{jk} 为模糊单点集，表示区域 $\boldsymbol{x}$ 属于类 C_j，$j = 1, 2$ 的度。模糊集 A_{ik} 由高斯隶属度函数定义：

$$\mu_{ik}(x_i) = \exp\left[-\frac{(x_i - w_{ik})^2}{2\sigma_{ik}^2}\right]$$

如 3.4 节所述，模糊-神经网络在其拓扑结构中编码形式为式（9.12）所示的模糊规则，并以与模糊推理方案相匹配的方式处理信息。网络的可调参数（权重）为模糊规则的前件参数 (w_{ik}, σ_{ik}) 和后件参数 b_{jk}。

模糊规则库由模糊-神经网络的两步学习自动定义，执行于上述具有 P 个区域的训练集上。第一个学习阶段为使用 7.3.2 节所介绍的 FCM 对输入空间进行聚类。聚类过程是生成初始模糊规则库的基础，将所得的每个聚类赋给规则的前件。对于每个规则 R_k，将第 i 个高斯函数的中心 w_{ik} 定义为第 k 个聚类中心的第 i 个坐标，并将宽度 σ_{ik} 设置为聚类半径。通过考虑属于 C_j 类的输入向量被第 k 个聚类所覆盖的多少来初始化后件参数 b_{jk}，公式如下：

$$b_{jk} = \frac{\sum_{x \in C_j} \mu_k(x)}{\sum_x \mu_k(x)}$$

第二阶段基于梯度下降技术，调整模糊-神经网络的自由参数，从而提高了嵌于模糊规则库中的信息的准确性。其中的模糊-神经方法已被应用于不同的情景[4]。

学习阶段结束后，模糊-神经网络被用于分类测试文档区域，具体则是实施了学习所得模糊规则的推理。为了从模糊-神经分类器的输出中获得一个"硬"（"干脆"的）分类，选择隶属度值最高的类并将其与输入区域相关联。图 9.4 展示了图 9.2（a）、图 9.3（a）描述的两个样本文档的分类结果区域。可以看出，在这两个文档中，所有可识别的区域均被正确地分类为文本区域（灰色）和图形区域（黑色），而背景则显示为白色。

图 9.4　文档图像的模糊-神经分类结果

参 考 文 献

[1] Bracewell, R.: The Fourier Transform and its Applications. New York (1965)

[2] Caponetti, L., Castellano, G., Fanelli, A.M.: A neuro-fuzzy system for document image segmentation and region classification. In: Proc. of the 2nd IEEE International Workshop on Intelligent Signal Processing (WISP2001), pp. 27-32 (2001)

[3] Caponetti, L., Castiello, C., Goreki, P.: Document pagesegmentation using neuro-fuzzy approach. Appl. Soft Comput. 8, 118–126 (2008)

[4] Castellano, G., Castiello, C., Fanelli, A.M., Mencar, C.: Knowledge discovering by a neurofuzzy modeling framework. Fuzzy Sets Syst. 149(1), 187–207 (2005)

[5] De Luca, A., Termini, S.: A definition of a nonprobabilistic entropy in the setting of fuzzy sets theory. Inf. Control 20(4), 301–312 (1972)

[6] Di Zenzo, S., Cinque, L., Levialdi, S.: Image thresholding using fuzzy entropies. IEEE Trans. Syst. Man Cybern. 28(1), 15–23 (1998)

[7] Górecki, P., Caponetti, L., Castiello, C.: Fuzzy techniques for text localisation in images. In: Computational Intelligence in Multimedia Processing: Recent Advances, pp. 233–270. Springer, Heidelberg (2008)

[8] Hinds, S., Fisher, J., D'Amato, D.: Adocument skew detectionmethod using run-length encoding and Hough transform. In: Proceedings of the 10th International Conference on Pattern Recognition (ICPR), pp. 464–468 (1990)

[9] Hough, P.: Machine analysis of bubble chamber pictures. In: International Conference on High Energy Accelerators and Instrumentation, CERN (1959)

[10] Huang, L.K., Wang, M.J.J.: Image thresholding by minimizing the measures of fuzziness. Pattern Recognit. 28(1), 41–51 (1995)

[11] Landini, G.: ImageJ Plugin Threlolding. Available at: http://imagej.net/User:Landini

[12] Lee, S.U., Chung, S.Y.: A comparative performance study of several global thresholding techniques for segmentation. Comput. Vis. Graph. Image Process. 52, 171–190 (1990)

[13] Mei, C.: ImageJ PluginOtzuThresholding.Available at: http://rsb.info.nih.gov/ij/plugins/otsuthresholding.html

[14] Nagy, G.: Twenty years of document image analysis in PAMI. IEEE Trans. Pattern Anal. Mach. Intell. 22(1), 38–62 (2000)

[15] O'Gorman, L., Kasturi, R.: Document Image Analysis. IEEE Computer Society Press, Washington (1995)

[16] Pal, S.K., Rosenfeld, A.: Image enhancement and thresholding by optimization of fuzzy compactness. Pattern Recognit. Lett. 7, 77–86 (1988)

[17] Pratt, W.: Digital Image Processing, 3rd edn. Wiley, New York, NY (2001)

[18] Sahoo, P.K., Soltani, S.,Wong, A.K.C.: A survey of threshold techniques. Comput. Vis. Graph. Image Process. 41, 233–260 (1988)

[19] Srihari, S.N., Govindaraju, V.: Analysis of textual images using the Hough transform. Mach. Vis. Appl. 2, 141–153 (1989)

[20] University of Oulu, Finland, Document Image Database. http://www.ee.oulu.fi/research/imag/document/

附录 A Java 代码参考

结果好，万事好。

——威廉·莎士比亚

本附录罗列了一些针对图像处理任务的插件，可供参考的网址如下所示。

第 2 章

❑ ImageJ 插件——可实现彩色图像每个 RGB 分量的直方图。

网址：http://rsb.info.nih.gov/ij/plugins/color-histogram.html

❑ ImageJ 插件——可实现 Canny 算子。

网址：http://rsbweb.nih.gov/ij/plugins/canny/index.html

第 7 章

❑ ImageJ 插件——可实现基于 K-均值算子进行图像分割。

网址：http://ij-plugins.sourceforge.net/plugins/segmentation/k-means.html

❑ ImageJ 插件——可实现霍夫变换来检测不同半径的圆。

网址：http://rsb.info.nih.gov/ij/plugins/hough-circles.html

❑ ImageJ 插件（SFCM）——可实现 K-均值聚类、FCM 聚类和 SFCM 聚类。

网址：https://github.com/arranger1044/SFCM

更多信息可参阅网站 https://sites.google.com/site/cilabuniba/research/sfcm。

网页信息如图 A.1 和图 A.2 所示。

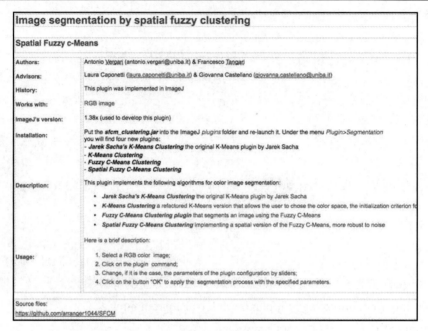

图 A.1　描述 SFCM 插件的页面

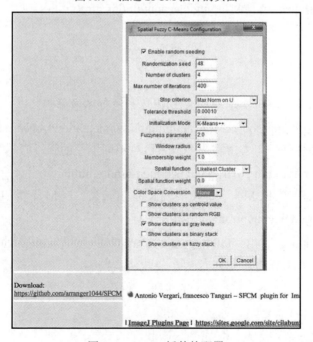

图 A.2　SFCM 插件的配置

第 8 章

❑　ImageJ 插件——可实现 Otsu 阈值化方法。

网址：http://rsb.info.nih.gov/ij/plugins/otsu-thresholding.html/

❑　ImageJ 插件——可实现若干阈值化方法。

网址：http://imagej.net/Auto_Threshold/

第 9 章

❑　ImageJ 插件——可实现形态学算子。

网址：http://sites.imagej.net/Landini/